清华建筑学人作品书系

LIU LI SKETCHES SELECTED

中国建筑工业出版社

刘力 中国工程设计大师，北京市建筑设计研究院顾问总建筑师，教授级高级工程师，香港建筑师学会会员，国家特许一级注册建筑师，北京市政府专家顾问，曾任首都建筑专家委员会委员。

⊙ 参加数百项大型公共建筑设计，主持建成百余项，涵盖宾馆、住宅、剧场、教学楼、实验楼、大型商场、体育馆、办公楼、博物馆、美术馆、俱乐部及建筑综合体等领域。几十年以来所主持的工程，如北京炎黄艺术馆、中央戏曲学院排演场、首都图书大厦、北京昆仑饭店、北京恒基中心等，先后荣获国家优秀设计奖、建筑创作奖、优秀设计奖、长城杯等奖项。最近北京电视中心荣获2011年度中国勘察设计协会和首规委的优秀设计一等奖。

⊙ 在长安街上主持建成北京华南大厦、首都图书大厦、北京恒基中心（北京90年代十大建筑）和北京西单文化广场等标志性建筑，并参与了毛主席纪念堂的设计；2003年10月负责的"全国人大常委机关办公楼"成为完善天安门广场的重要建筑。

⊙ 发表论文数十篇；专著《商业建筑》，为该领域的权威性著作。

⊙ 重视人才培养，培养多届硕士研究生，同时通过言传身教，为北京市建筑设计研究院培养出一批年轻人才。

⊙ 有着强烈的社会责任感，多年来作为评委、专家和顾问，对众多国内重大项目进行了有建设性的评选、评论和指导。

⊙ 重视知识更新、科技进步，重视中外建筑的交流，多次在重大国际竞争中胜出。

⊙ 2003年在北京市建筑设计研究院设立"刘力工作室"。

⊙ 爱国敬业，学风端正，遵守职业道德。1989年荣获北京市"有突出贡献专家"及"市劳动模范"称号；2004年获得中国工程设计大师称号。

"自由地画，通过线条来理解体积的概念，构造表面形态……

首先要用眼睛看，仔细观察，你将有所发现……最终灵感降临。"

——勒·柯布西耶

关肇邺先生的序

　　建筑大师刘力的手绘建筑草图选集即将出版了。他嘱我写些东西在前面。当我看到了他的一些拟入选的画稿，在赞赏其独具一格的画法外，就不免产生了一些感想。

　　刘力和我都是清华的校友，我带过他的设计课，可算是"亦师亦友"。他于1957年入学，1963年毕业，是清华学制最长的一段时间中的一级，也是入学标准最严、招生最少的一级。清华建筑一般是一级三个班，乃至四个班，而他们那级只有两个班。这一级也是因政治形势变动、前后许多年中接受世界建筑信息较多、思想最为开放活跃的一级，可以认为每人均有较强的基本功训练。刘力在这班是很有代表性的，也是很突出的一位。他在参加工作以后，又由于数十年如一日，坚持在建筑设计岗位上未曾一时松懈，所以作品多而精——从早期的北京动物园的熊猫馆、北京炎黄艺术馆、北京西单华威大厦和以后的北京华南大厦、北京图书大厦、中央戏剧学院剧场、北京恒基中心、突尼斯青年之家等，以至近期的全国人大常委办公楼……功能、性质多样而形象均能与之契合，更与时俱进，能符合时代精神却不盲目跟随不合我国国情的西方时尚潮流。我称之为"得体"，这是建筑的重要品格。他的众多高水平的建筑作品，已是很令人钦羡。今天要出版他的手绘建筑图集，我以为更有一层重要的意义存在。

　　我作为一名建筑教师，颇感于今天的建筑学生不善于甚至不屑于徒手绘草图。这和现实中的两个因素有关。一是现在可取得的信息太多了，可学可见的新东西新活动太多，例如要花不少时间看书刊上的、网上的新资料以及有更多的机会和外国建筑师及学生交流等；二是用计算机绘图可太方便了，又快又精准。工作中需要的是机绘的图，似乎不需要亦没有工夫去用手绘。至于展示用的"表现图"，现在已经有了明确的专业分工，不靠建筑师动手。所以，从现实需要看，就自然地不再重视以手绘图。虽然我们常常鼓励、呼吁他们多用手绘，特别是在方案构思阶段，但是收效甚微。

　　徒手草拟初步设计方案，是建筑设计过程中一个重要的组成部分，甚至可能是整个建筑优劣成败的关键。这时我们的脑中只是初步有一个粗略的构想或灵感，将它快速地勾勒出来，可能是杂乱的线条，也可能较为规整的形象（这点因人而异），画在纸上才能被自己看见。心、手、眼成为紧密相连的一体，互相影响，这就形成了"模糊"的阶段。这是在许多学科中都存在的阶段，而且是很重要的阶段，如"模糊逻辑"（fuzzy logic）、"模糊数学"等。在这"模糊"之中将留给创作者广大的想象空间，最易令很多新的创意在脑中触发、显现。作为建筑设计者若超越了这个阶段，而是以尺规或电脑绘出，那么一张精准的图就摆在了面前，它已经"完整"了、固化了，心（脑）、手、眼三者的互动不再，进一步的互动锻炼也就停止了，甚至放弃再做一些比较方案的动力。快则快矣，但缺乏反复推敲，这既不利于精品设计的产生，亦不利于心性的净化、艺术品德的培育和长期设计技艺的提高。

　　再进一步说，人类几百年来发明了许多科技手段，近百年来更是一日千里，人类的能量也就越发壮大。但是在半个世纪以来，对"技术是把双刃剑"的警示越来越被学界以至全社会所关注。今天的计算机技术是有史以来最有力的发明之一，对人类社会有着空前的贡献，但它同样面临着如何来用它、用它干什么的严肃问题。这离今天关于画草图的话题似乎是太远了，但是我想两者的数量级或有不同，但是性质都是相似的。今天的社会普遍的意识仍是求大求快，虽然形成国家的飞速进步、人民生活普遍提高，社会渐进小康，但同时也造成灾难和巨大浪费。这说明了单靠新技术为主要手段是不成的，急功近利是有危险的。若想在建筑方面取得高的成就，心、手、眼三者合一并用，多做训练，持之以恒是非常必要的。

　　刘力同志的这本手绘建筑草图集的出版，将给我们的青年建筑人、建筑学生以有力的启迪和示范作用，开始多画多练吧！必然是越画越好，得心应手；对设计提高的作用越来越明显，也必然越画越有兴趣的！作为建筑教师，我对此抱有很大期望！

2011年12月

徒手草图是建筑师重要的基本功

今年是清华大学建校一百周年，北京市建筑设计研究院的一些校友邀请母校清华建筑学院部分老师前往聚会。席间，刘力建筑师谈起他正在编写一本有关在建筑设计过程中运用徒手草图进行构思的图册，以帮助年轻建筑师理解，计算机技术在日益普及的今天，也不能替代徒手草图在建筑师设计构思中的独特作用，并应更自觉地加强这项基本功的训练，并邀我给予支持，说一点意见。我想就以这些年来自己在建筑设计教学和建筑师业务实践中的一些体会跟大家进行交流。

大家知道，在建筑学专业中建筑设计常被称为是一种建筑创作活动。之所以称其为"创作"，是因为它与一般理工科专业的学术研究主要依靠数理上的推理、运算，并通过实验室加以证明的方法有所不同。它的设计基础不仅需要建筑技术科学和建筑设计理论方面的支持，还需要社会科学、艺术科学、生态科学等多方面学科的配合，并通过设计构思上的想象力、综合能力、处理手法共同凝聚成一个好的规划、设计成果——它是技术与艺术相互结合的产物。创作的核心在于一个"创"字，即：创新性、独特性和不可重复性。

建筑设计的过程，从方案设计到施工图设计，根据设计项目的不同可能划分为几个阶段，但都是从粗到细，从整体到局部、细部。在这个过程中，有两个特点是值得我们加以注意和把握的：一个是在方案构思阶段，建筑师脑子里的构思来自多方面的刺激：要研究、分析"设计任务书"，业主想要什么，什么是他们最期盼的结果；要分析地段条件，交通进、出口及车流、人流的组织；要分析城市的肌理和文脉；要遵从规划局的"规划设计条件与要求"；还要研究、选择建筑的技术方案与条件等。因此，这个构思总是从"大"处出发，从总体出发，从总体布局、总的体型空间与形象出发；从模糊不定的、几块粗线条的"疙瘩"图形开始，给出构思草图；有时还要借助模型来帮助建筑师的思维，帮助进行大方案的分析、比较。

方案确定之后，才进入施工图阶段，施工图图纸的要求是非常细致、准确的，按施工的要求，分毫不差。很显然，方案设计构思阶段的草图带有模糊性、不确定性，是随着建筑师思想的变化、跳跃而随时涂改、调整的，最适合的表现手段就是建筑设计草图；而计算机数字技术则更适合施工图制作对准确、快捷、易于修改的要求。简单地说，就是先有"形象"再有"数字"。再一个特点是：在建筑设计中，我们花钱最多、花力气最多的地方是建筑物的实体部分，即：墙、柱、基础、楼板、屋盖等，但我们最需要得到的东西却是"实体"的反面，即：由实体围合的空间，以及以实体为依托而产生的形象，"虚"与"实"，空间与形式仍是建筑设计所追求的核心命题。在研究上、表达上，通常也是采用设计草图和模型作为手段。

建筑设计草图的能力体现了建筑师的基本功。这种基本功的"功力"来自哪里？应该说，这种基本功的背后，主要体现了建筑师各方面的能力：一个是建筑草图的表达能力—这是手段、是工具。这种能力越熟练、越传神，做到笔能达意，就越能把建筑师的思想通过形象化的"建筑师语言"表达给他人。另一种能力，也是最关键、最核心的能力，即想象力——这是一个建筑师的职业素养和设计能力的核心。通过我们的观察大体可以得出这样一个结论：一个建筑师仅绘画技能特别高、特别熟练，还不一定等于设计的能力特别强、水平特别高；而一个具有很强、很丰富想象力，又具备了比较自由表达能力的建筑师，肯定在本专业领域中是一位非常优秀的建筑师。

有人会问：一个建筑师获得这种扎实的基本功的途径在哪里？我们回答是：主要靠两条：一条是教育，再一条是积累。如果还说到第三条,那就是天赋。

先说教育。从我个人的经历以及所了解的情况看:很难看到一位没有经过高等院校的职业教育、经过比较扎实的建筑师职业训练,完全靠"自学成材"的建筑师能达到本专业中特别优秀,相当知名的水平。国内外对于建筑师培养中有关建筑设计课的教学主要还是采取"师傅带徒弟"的方式,一对一地进行个别辅导。教师边分析、讲解,边画示意性草图,以帮助学生的理解。在设计初步、美术、建筑历史与理论等课程中也是展示、放映大量实例、名作等资料,以启发学生对建筑这种综合性视觉艺术的理解。

学生的设计作业、美术作业也都在系馆走廊上展示,互相交流、熏陶、感染,时至几十年后的今天,北京院一些建筑师:魏大中、刘永梁、何玉如、刘力、马国馨⋯⋯他们曾挂在系馆走廊上的设计、美术作品还能粗略地浮现在我的脑海中。

再说"积累"。人类的知识与经验都是经过长年累月的积累获得的,但建筑师的想象力与许多其他学科有所不同:许多学科特别是一些紧追前沿技术学科的知识,随着最新科学技术的发展和涌现而经常处于不断更新、变化的过程中。我在清华见过不少与我差不多年龄的朋友,他们面临的知识更新的压力很大。而在我们的建筑学界这种压力相对较小,这种知识与经验积累的相对优势比较稳定。与老中医、老画家有些类似,一些老建筑师在设计上仍有相当的活力。我曾经与一批到清华建筑学院来进修的年轻建筑师们讨论过这样一些问题:"什么是建筑师工作最难、最要'劲儿'的时候?""为什么有的建筑师碰到一些涉及构思、方案及局部处理难题时能不断涌现出很多草图方案,出手快,手上绘个不停,而有些建筑师则一筹莫展,动不了手?"其实,依我看:建筑师在设计中最难的时候,并不是开夜车、不睡觉,连续很长一段时间得不到休息的时候;而是在接受了设计任务书后,在脑子里由"内"到"外",再由"外"到"内",反反复复,从平面到整体不断在脑子里分析、比较,模模糊糊,逐步构思成形,而图纸上还一笔没有画出来的时候。建筑师在处理建筑方案及个别局部、细部时之所以能即时画出各式草图与方案,不是临时拍脑袋、查资料就能产生出来的,而是过去长年累月不断积累的结果。

我在大学毕业后留校当助教从事建筑设计教学辅导的那些年,因为初"上阵"压力大,我的办法就是在辅导每一个课题前,首先从书籍与杂志中挑选出二三十个优秀实例,默默地好像身临其境地从内到外"走一遍",然后把设计实例画在一个本子上,日积月累,在指导不同学生、不同的设计方案课题时,就比较容易应对,边

分析方案的优缺点,边画草图予以说明,一个上午就能应对10个左右学生的不同的设计方案。我深感,这对一个年轻建筑师的成长与基本功训练是非常有利的。"文革"后,我国建筑事业快速发展,建筑师也有不少机会去国外身临其境地体验,感悟许多知名建筑师的建筑作品,这对提高建筑师的"悟性",提高建筑师的想象能力真是强大的推动力。我曾听关肇邺先生说过:他给研究生讲课中分析的"世界名作"都是他亲身去观察、体验过的,不然不敢讲,也讲不生动。学习建筑设计这门学科,不仅要从书本、杂志中学,更要从自己身临其境的建筑环境体验中学,这样得到的知识与体验是最真实的,也是忘不掉的,在设计构思需要时,多种"想法"、"手法"就会从脑子中"蹦"出来。

说到天赋,我想引用一段季羡林先生在他写的《我的人生感悟》一书中谈到"勤奋、天才(才能)与机遇"时说过的一段话:"人类的才能,每个人都有所不同,这是大家都看到的事实,不能不承认的,但是有一种特殊的才能一般人称之为'天才'⋯⋯根据我六七十年来的观察和思考,有'天才'是否定不了的,特别在音乐和绘画方面。""拿做学问来说,天才和勤奋的关系究竟如何呢?有人说'九十九分勤奋,一分神来(属于天才的范畴)',我认为,这个百分比应该纠正一下。七八十分的勤奋,二三十分的天才(才能),我觉得更符合实际一点。""如果没有才能而只靠勤奋,一个人发展的极限是有限度的。"我很同意这个判断。从建筑设计这门学科来说,基本也是如此。每年迈进清华建筑系来的新生,都是考分极高的一批优秀生,但学到三年级左右,设计专业课的成绩就开始分化了,有一部分入学考分成绩最高的学生在设计课上表现得却越来越吃力、不得法,而一些入学时考分在下部的学生却显得兴趣高、钻得进、进步快。当然也有一小部分两方面特点都具备的学生。据有的医学书籍上的分析:人的左脑、右脑是有分工的:脑的左半球控制我们对数字、语言、技术的理解;脑的右半球控制我们对形象、运动和艺术方面的理解。这可以帮助我们理解,每个人出生后的"天分"是有区别的,一个人所从事的专业与他具有的"天分"和兴趣非常吻合的话,就会越学越想学,吸收得快,积累得快,发展得快。这也是我们在实践中能感觉得到的事实。

冯钟平　2011年11月于清华园

写在前边

　　这是一本交流建筑草图的书，收集了我数十年工作的部分草图。草图是一种工具，一种工作过程，一种工作方法，本不是用来展示；但同仁们鼓励印出，那就用来交流吧。

　　现如今电脑已在建筑设计领域广泛普及，各种辅助设计的软件不断涌现、发展、更新。数字化、参数化以及由此而生的数字建筑推动着建筑创作，而今基于三维模型的BIM工作平台，不仅引起绘图工具革命，而且带来设计思想的飞跃。那么在此时代背景下，传统的设计方法和技艺是否还有意义？个人认为，就目前看答案是肯定的。因为建筑师的创作思维过程无论是画在纸上，还是留在脑海里，这一环节都是绕不过去的。建筑师在设计面前用脑用眼用笔，对用地特征的思索、建筑空间组合的遐想、比例的推敲、尺度感的寻求、形体构成的寻觅、建筑表皮各种材料的交响、色彩的变奏，甚至基本构造的设想，等等。所有建筑的抽象思维过程以及本身的模糊性，都会经过笔端流出的线条，千变万化流淌出来——这里边有灵感的闪烁、意向的漂移、情感的触发，甚至潜意识的渗出……所有这些都是目前计算机技术所无法模仿的。这方面理由关肇邺先生和冯钟平先生都已作了论述，不再多言，即"模糊思维先于精确思维"，"构思先于计算"。所以，建筑师有笔就会有草图。

　　本次印出的草图，大致分三种类型。其一是构思类草图，侧重概念性思索、用地分析、形体推敲、表皮的意向；但这类图留下甚少。其二是和同仁、同事研究设计方案的徒手图；因我坚信，不动手很难提出比较中肯可行的意见，所以都比较认真，也是为了换取深化者的更认真才能推动前行，抛砖引玉；多年证明，本院共事、同仁称此为"大师草图"，还是认可的，比如北京恒基中心、全国人大常委会办公楼，均属此类。其三是和业主研究概念方案的草图。这类图出手后有不同结果：有的说看不懂，坚持要"效果图"；有的业主能从中选定一个方案，再深入，避免许多"虚功"；也有的业主见草图就认可，并马上签约，向下进行的，这是最好的情况了。

　　所以草图不过是一种工具。这本册子，只是设计方法的交流。当然，建筑师最重要的是设计思想的交流，但不是这本册子能胜任。虽然草图中有不少设计意图的阐述，但事过境迁，难以寻根求源、归纳整理。所以有同仁建议我把建成建筑的照片与草图并存，我并没采纳。常言道：各施各法，法无定法，非法法也。但我还是认为建筑师手勤、眼勤和脑勤，依然是建筑设计中值得提倡的工作习惯。

　　本册编辑、整理过程中侯晟建筑师做了大量工作，而且设计了封皮，还有本院建筑创作编辑部各位同仁大力支持，这里一并致谢。

刘力　2012年1月24日

目　　录

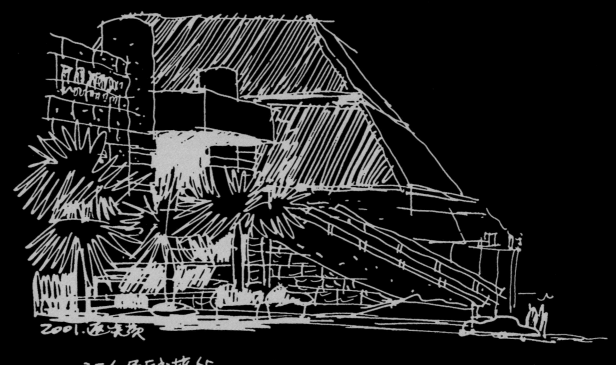

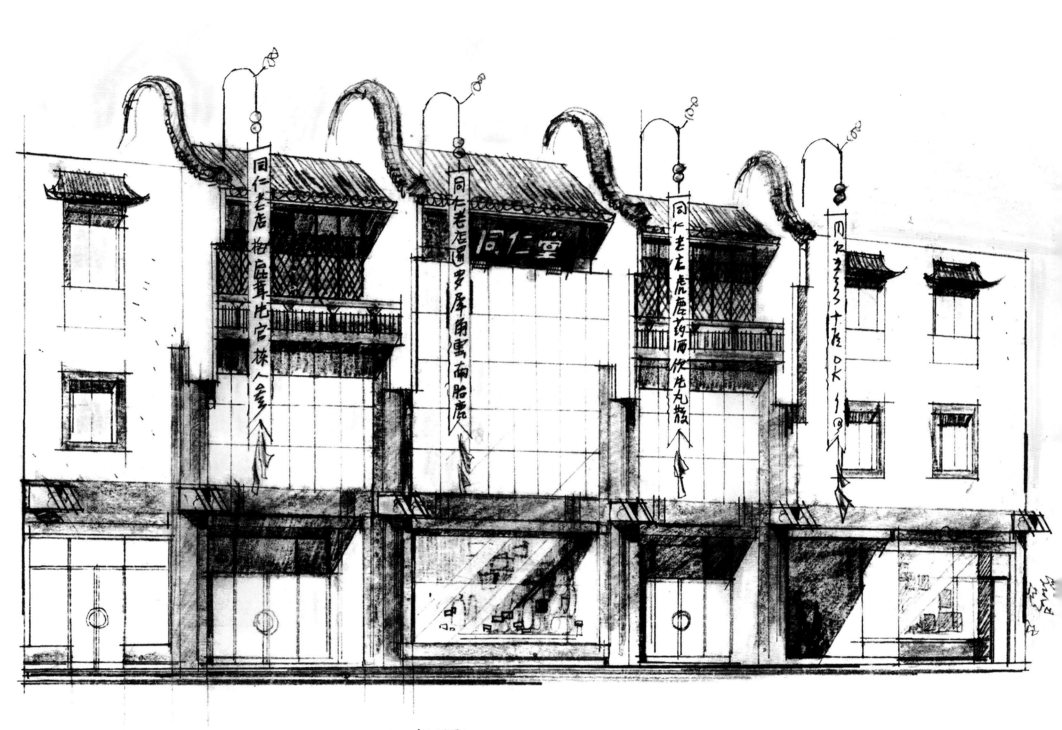

采用灰、白、褚三色调，小木俊,卷棚和弧山牌坊饰。（灰顶,白坪,木构褚调）

追求古朴,凝重,和一起以文业作,大芜而张涵 带坪增加3 财介游。 刘大 1991.2.16

小尺度适合大排枝商业征改原有环境，

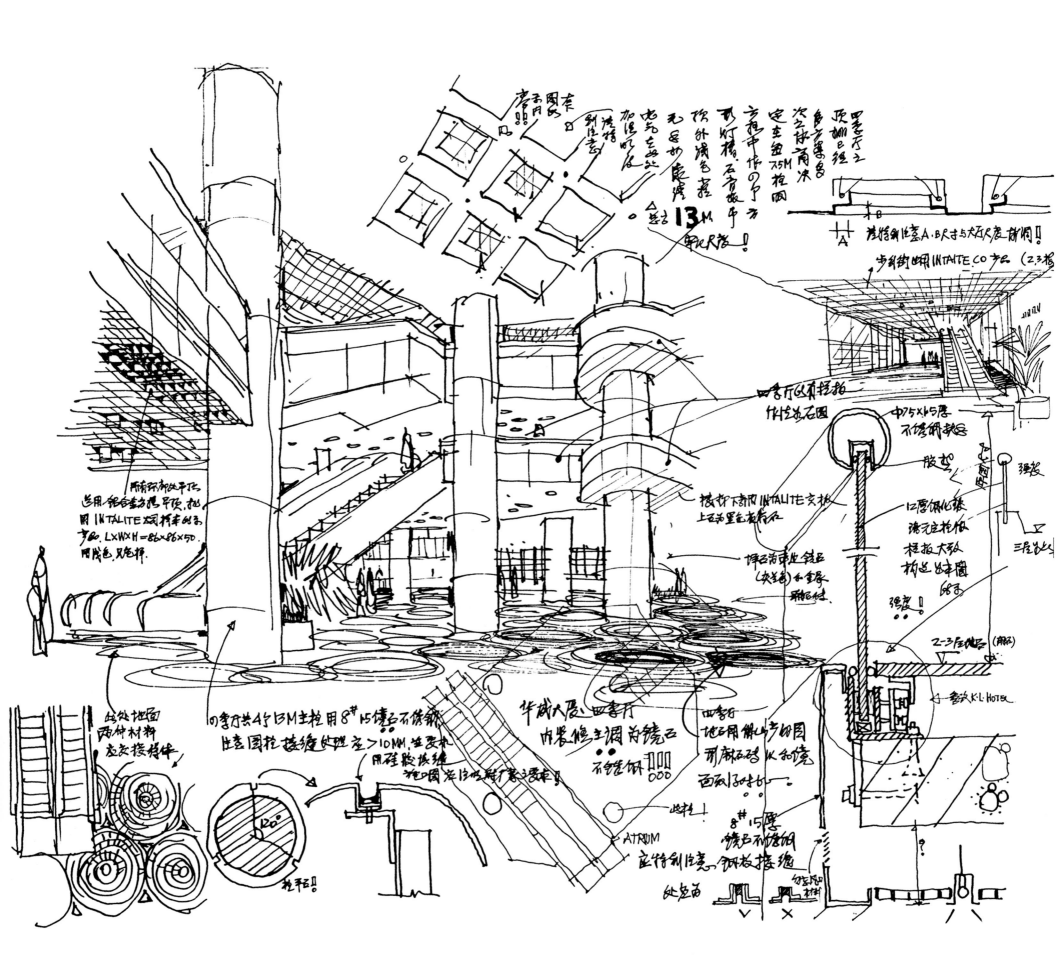

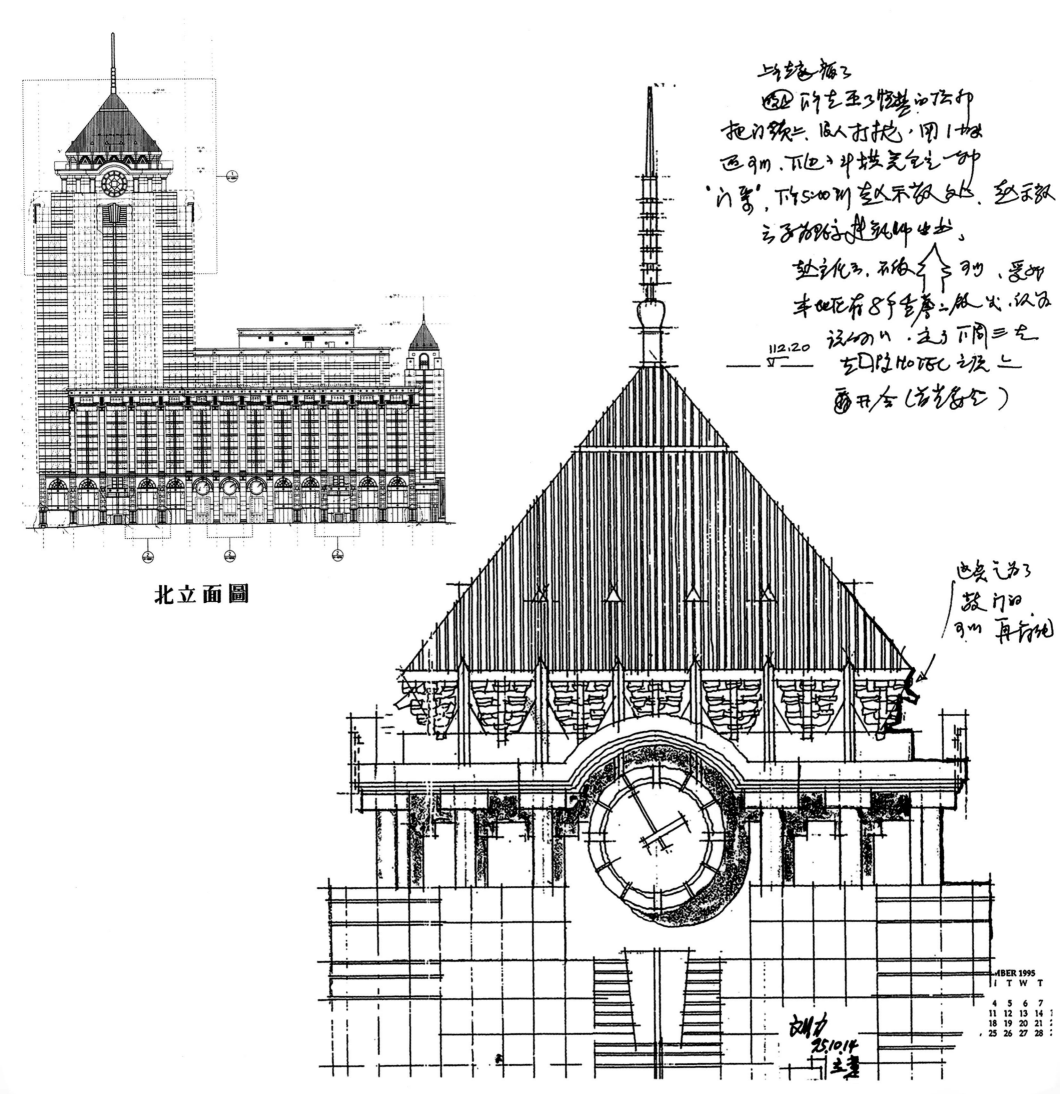

北立面圖

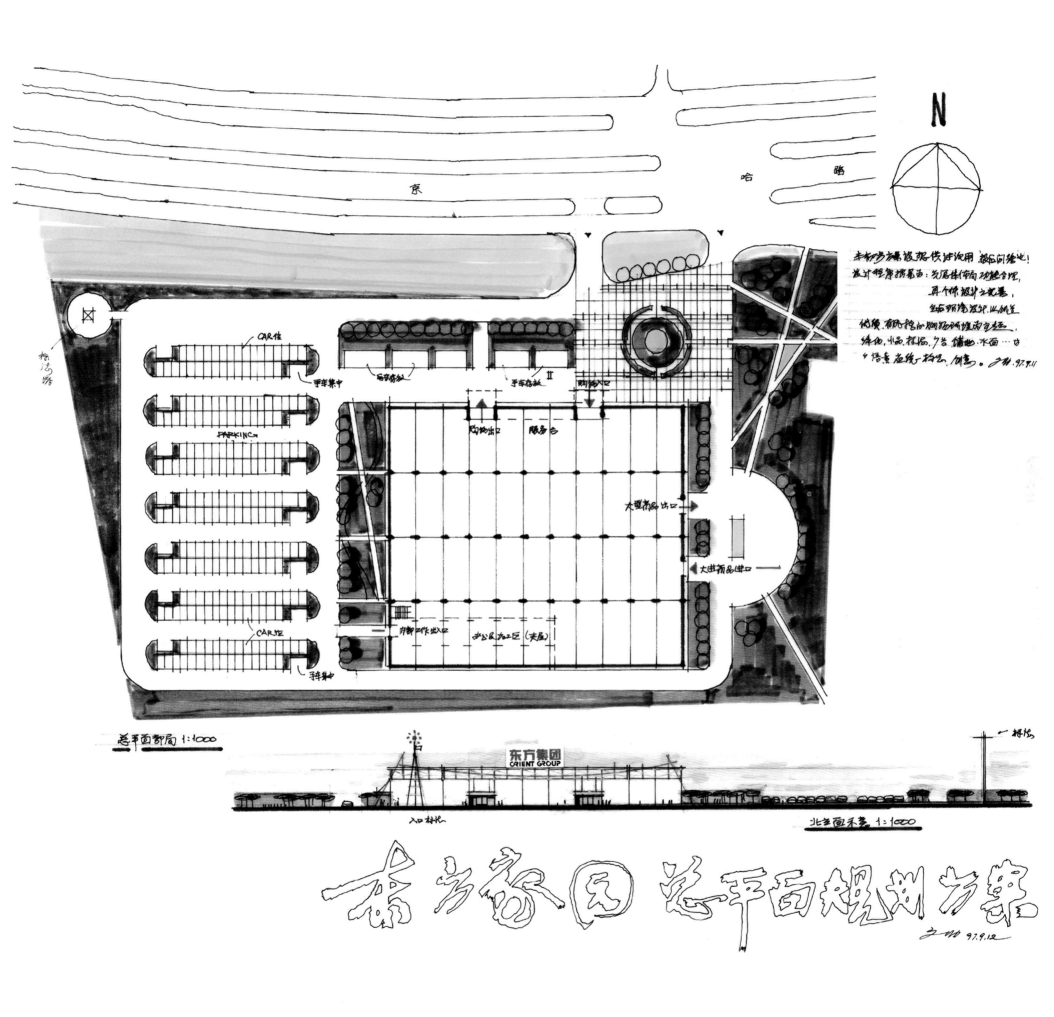

N

京 哈 路

CAR位

PARKING

CAR位

手车集中

电子寄存

手车停放 II

购物入口

总平面部局 1:1000

东方集团
ORIENT GROUP

入林北

北立面示意 1:1000

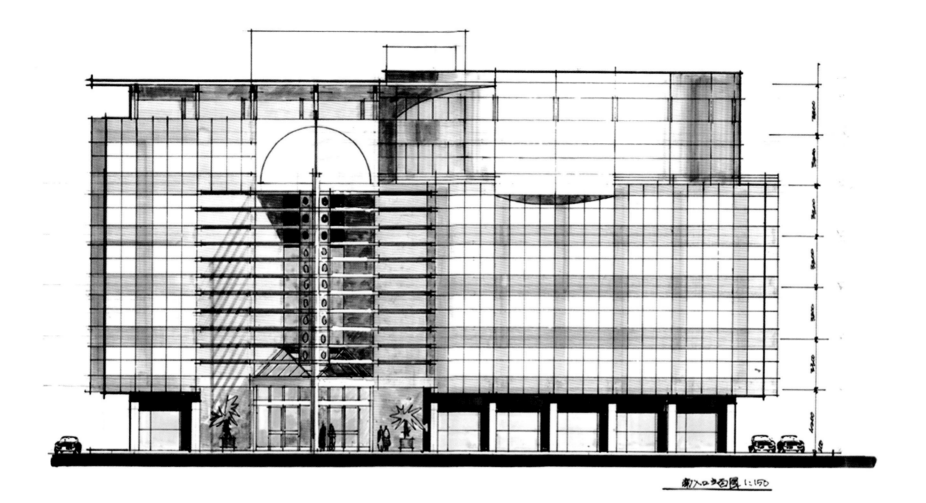

南入口立面图 1:150

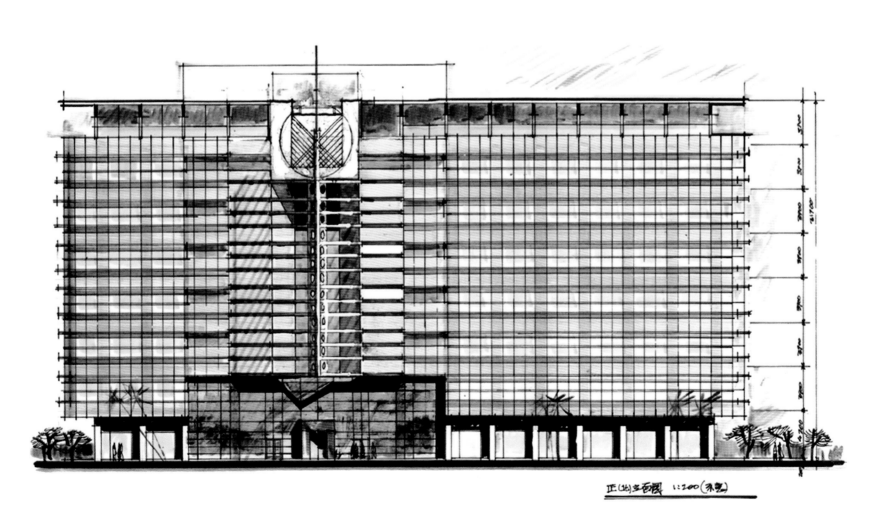

正(北)立面图 1:200 (未完)

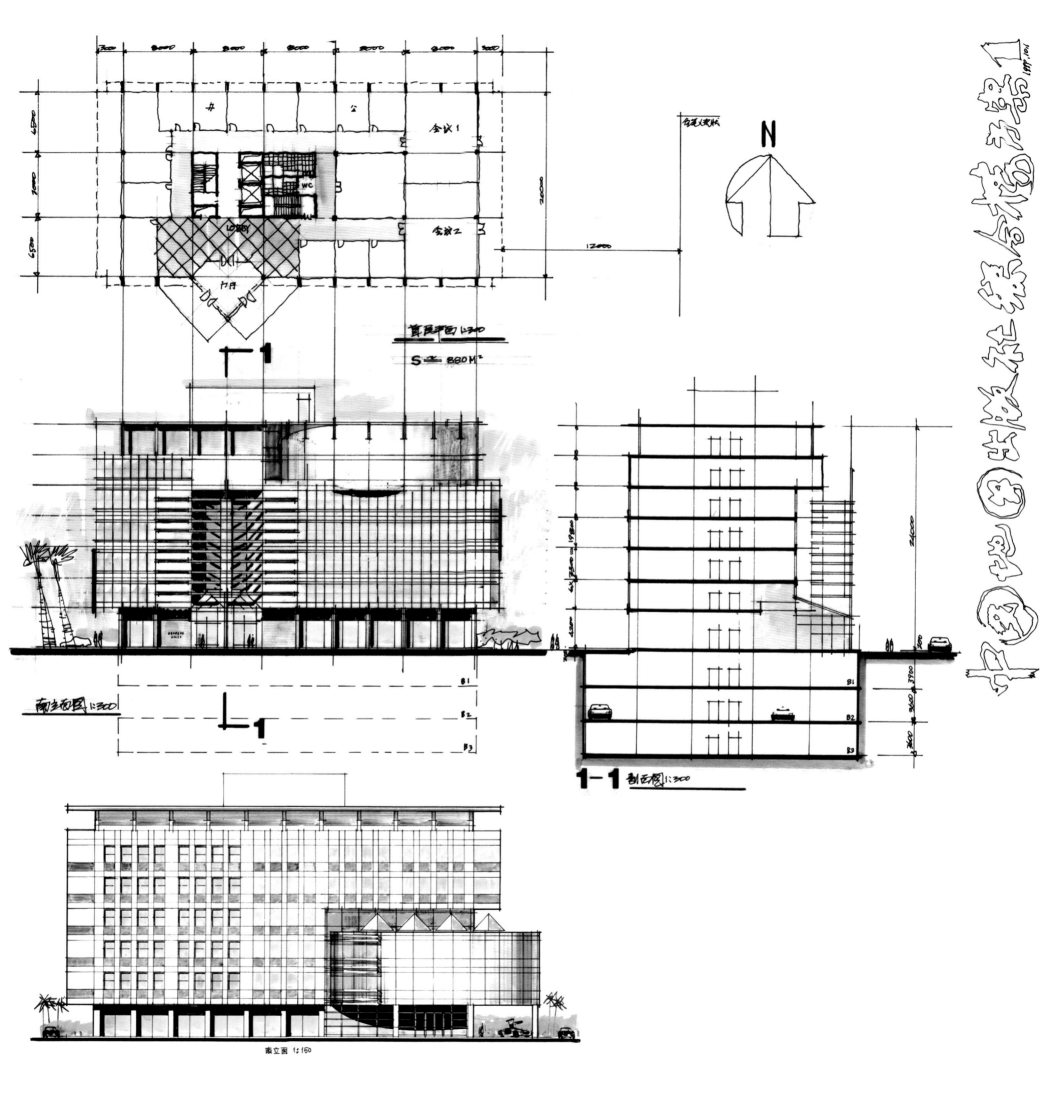

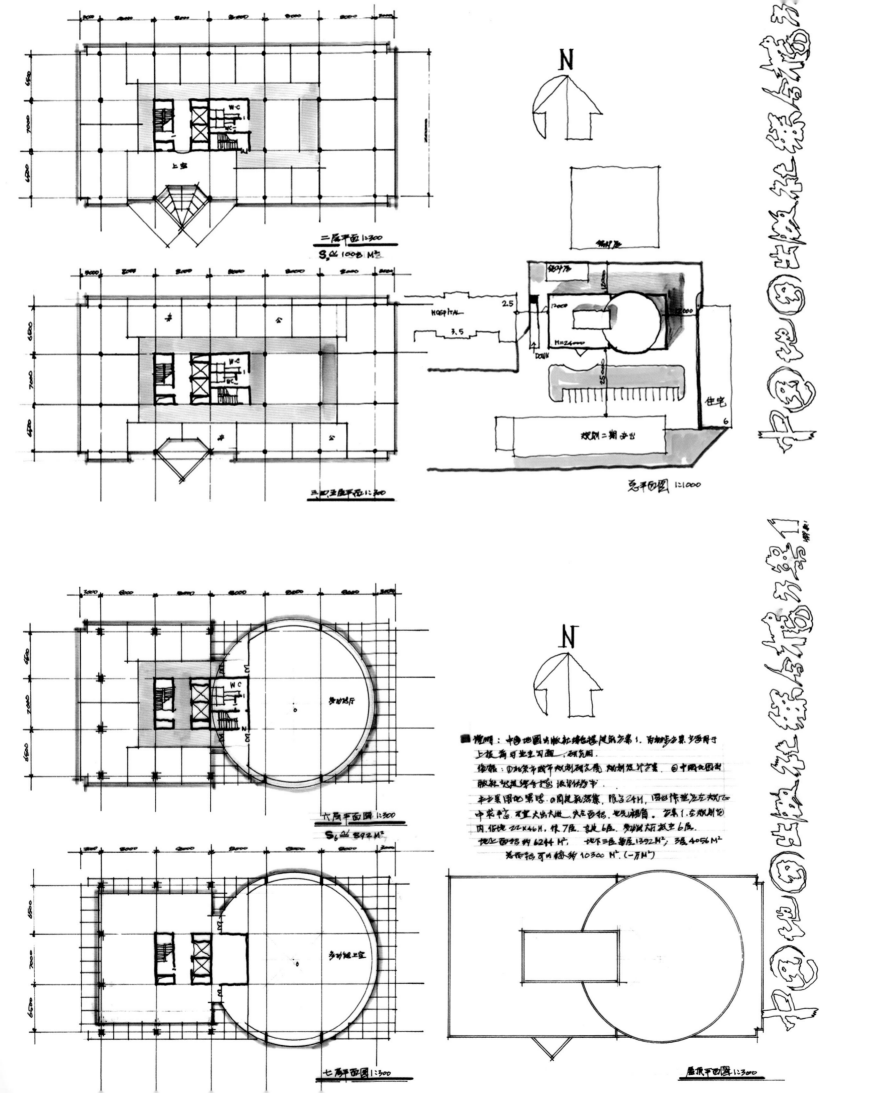

二层平面1:300
$S_2 \backsimeq 1008 M^2$

三四主层平面1:300

总平面图 1:1000

七层平面图1:300
$S_6 \backsimeq 392 M^2$

七层平面图1:300

屋顶平面图1:300

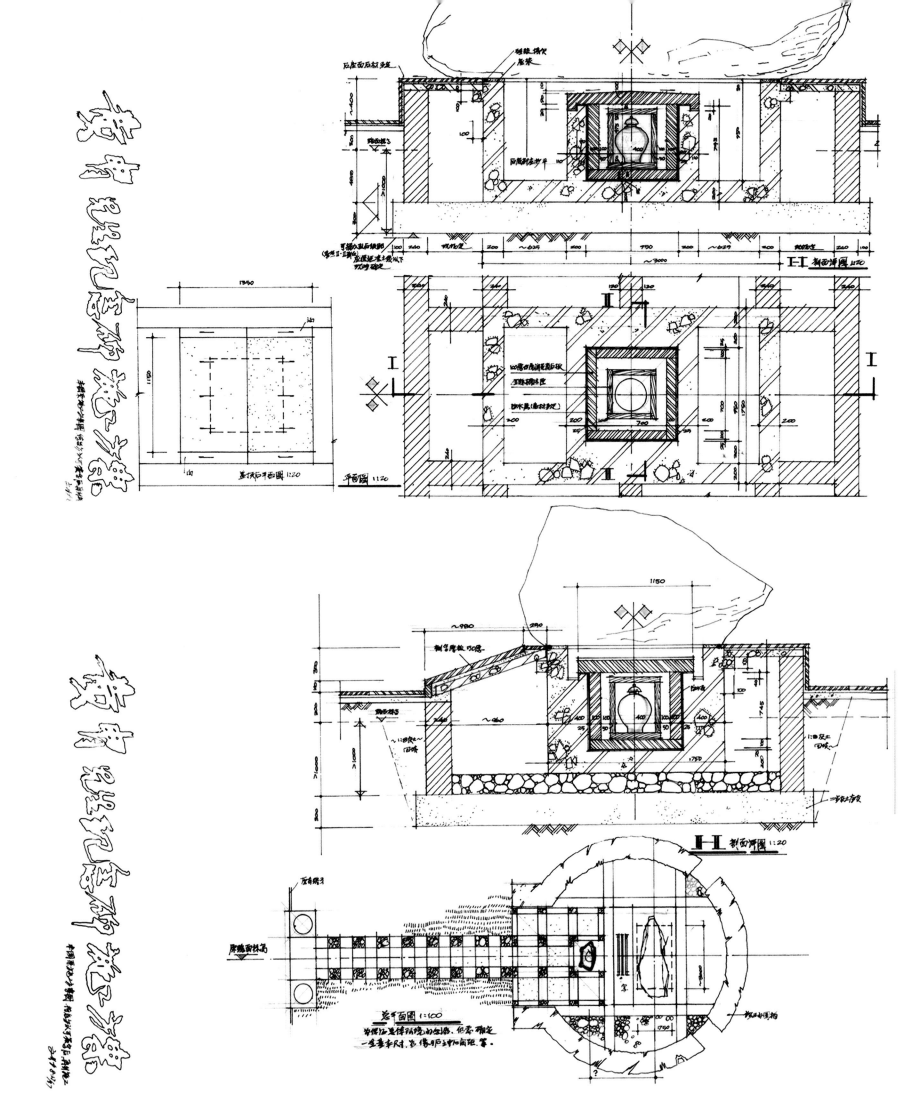

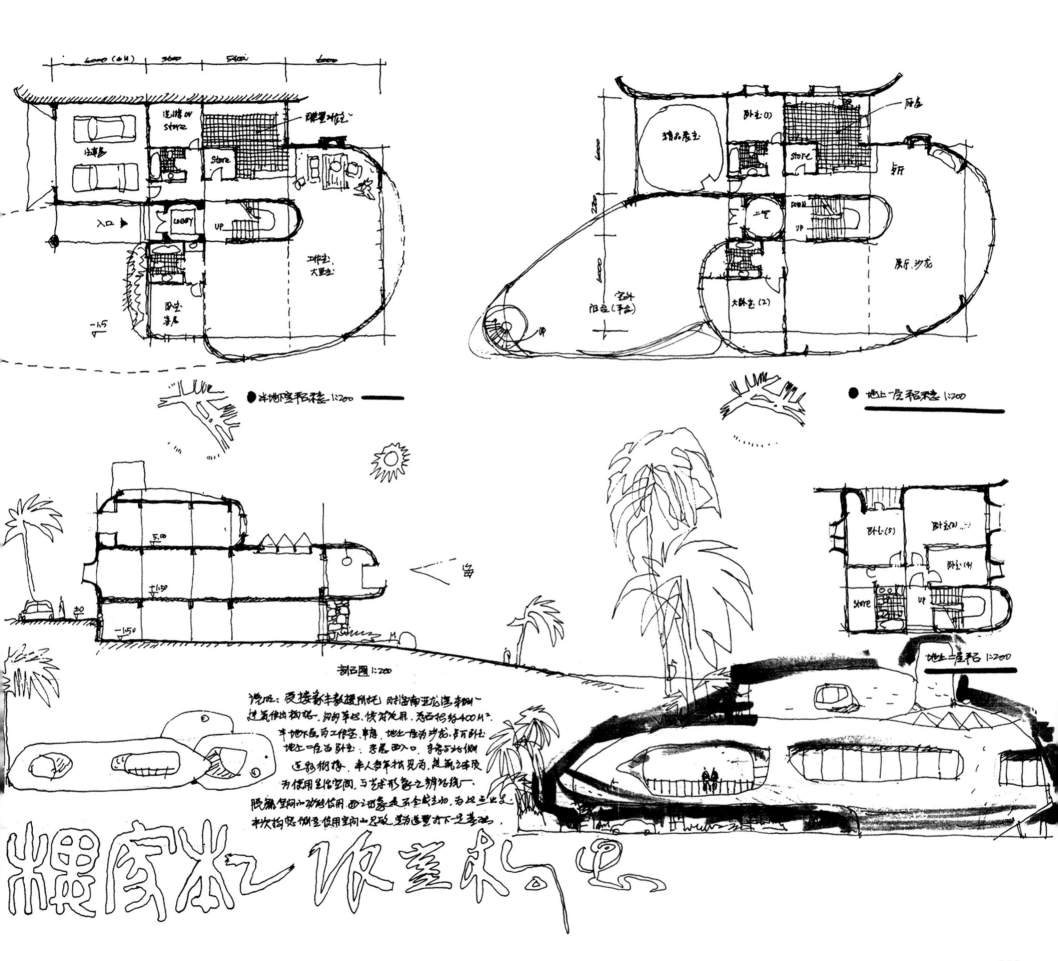

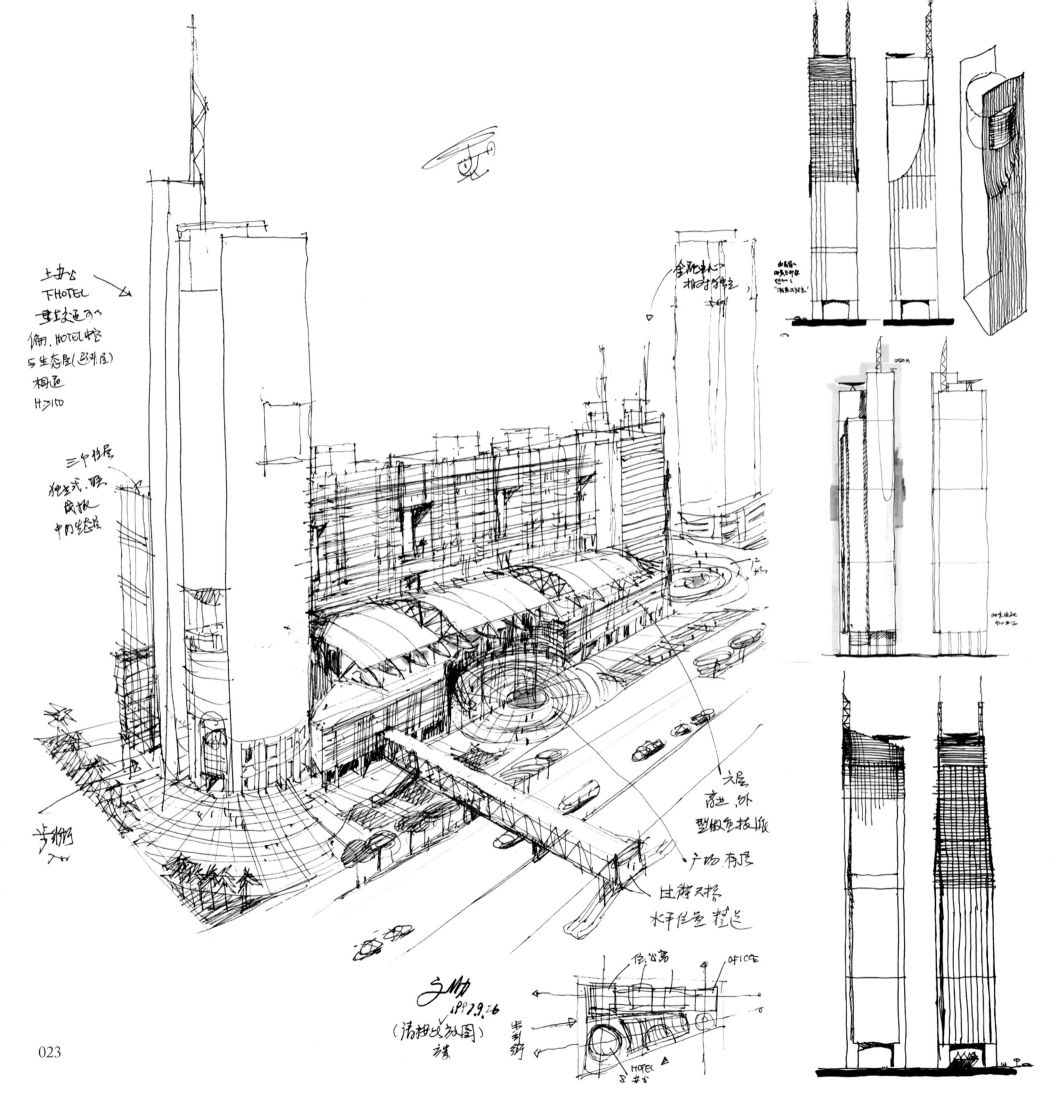

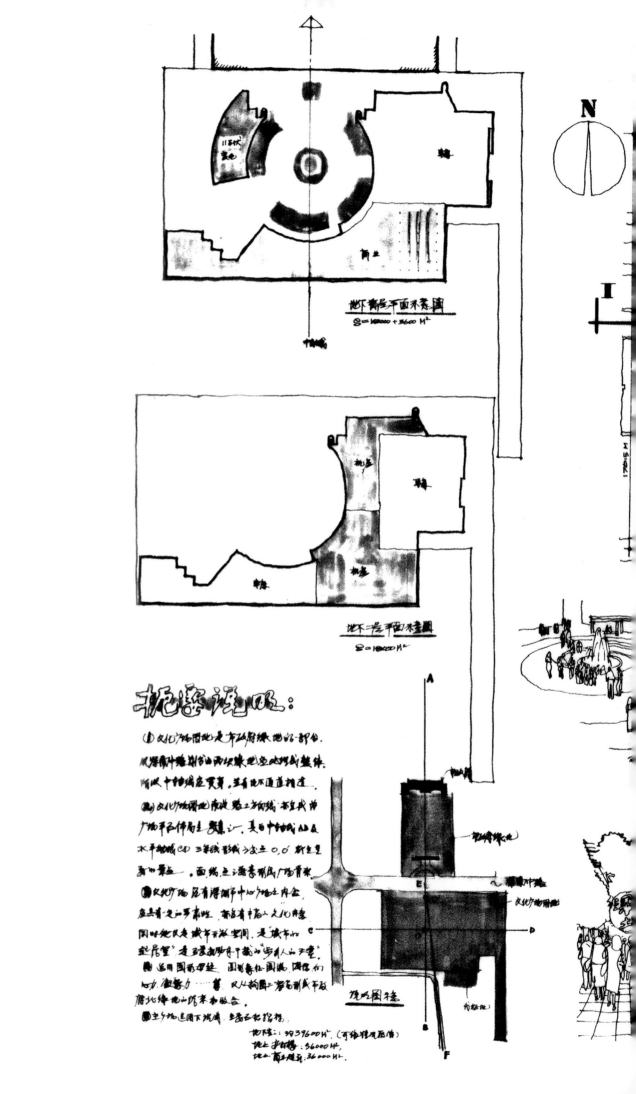

N

地下商店平面示意图
S=18000+3600 M²

地下二层平面示意图
S=18000 M²

设计说明:

（1）文化广场用地是市政府绿地的一部分。规划中拟将由此两块用地连成一整体。所以中轴线应贯穿，主有地下通道相连。

（2）文化广场用地南接路上方的线本身我市广场平台布局主题之一。美自中轴线AB及水平轴线CD三条线形成于交土0.0，斯生里参加景点。而然上海春那民广场育本

（3）文化厅用是有滨湖市中心广场之内含，主要有之地多种性。都要有中高之文化内容，同时也是城市开放空间，是城市的起居室。是许多趣味群自下藏心步行人山天空。

（4）运用国粹样式，图形象征图腾，图腾的历史，激荡力……着。以人构图上着色形成平面唐北绿地山院来来协会。

（5）主分地运用下沉庭，土面石纪指标。

地下室：X33600 M²（可作独想开源借）
地上非拘部：36000 M²
地上商店超地：36000 M²

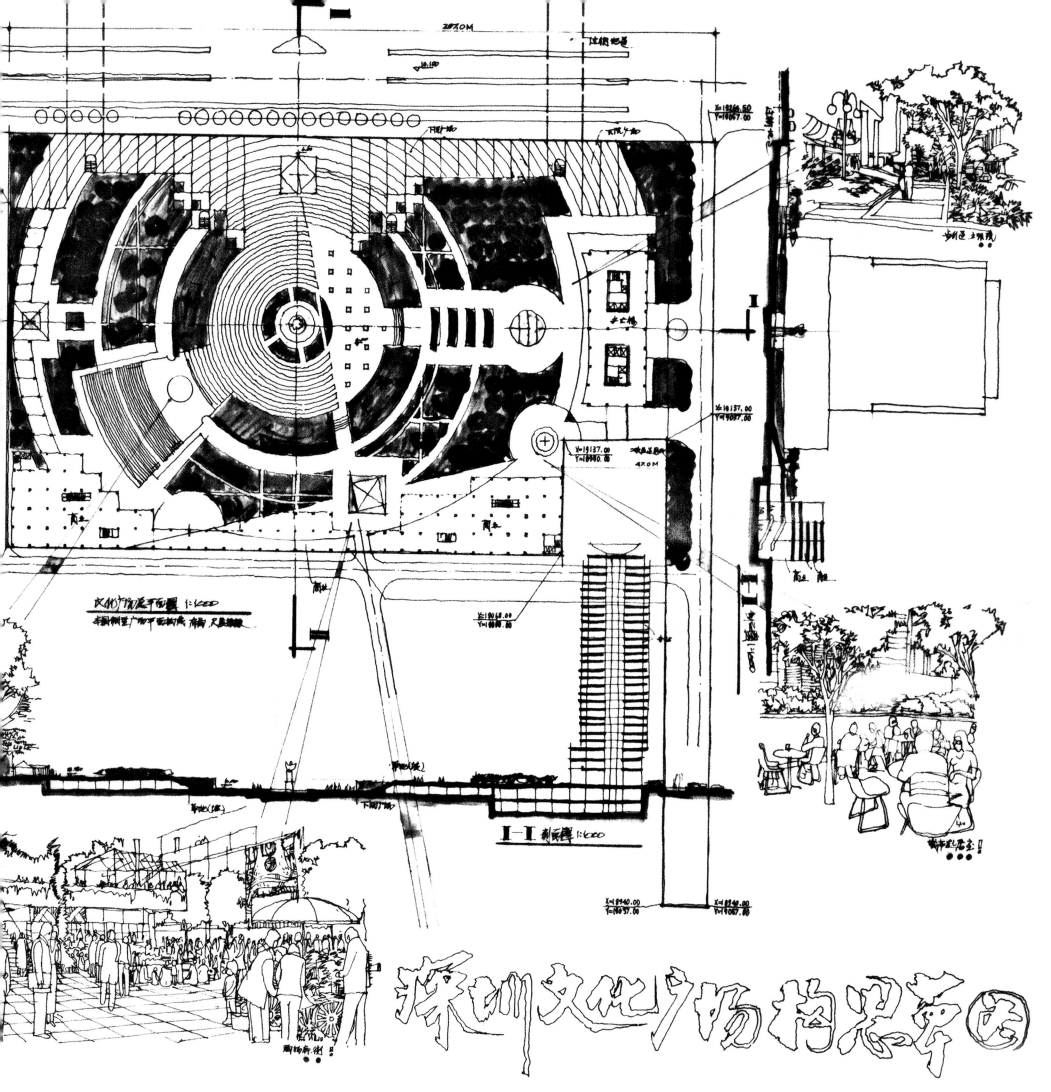

深圳文化广场构思草图

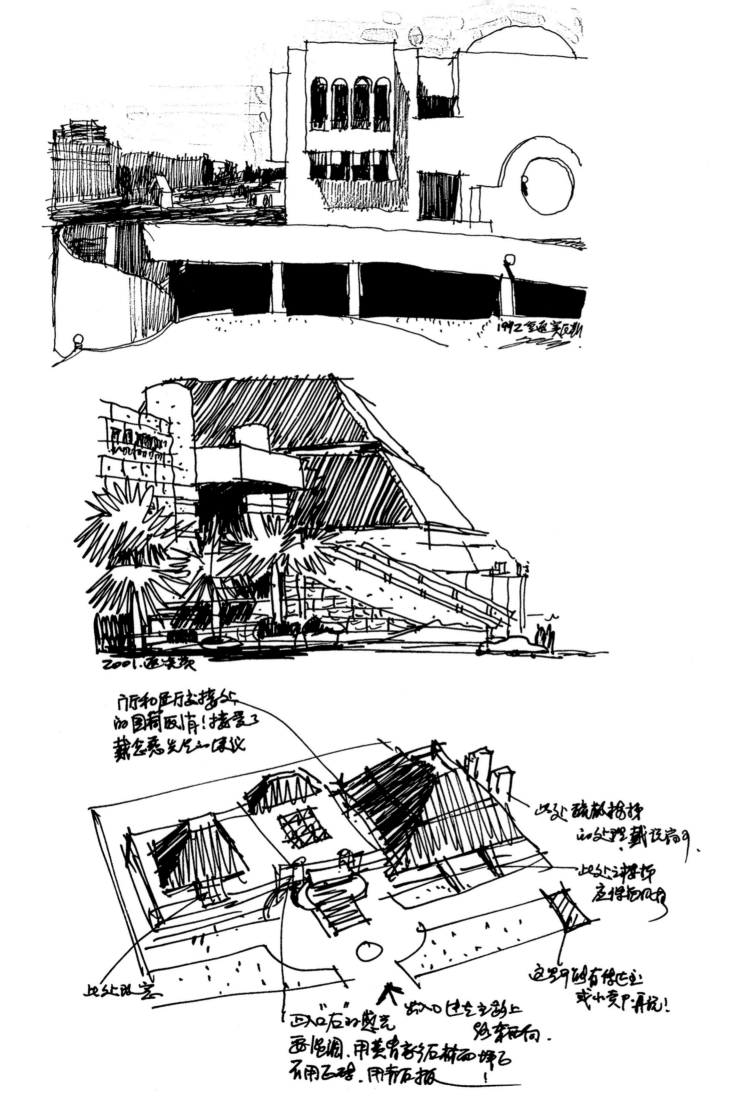

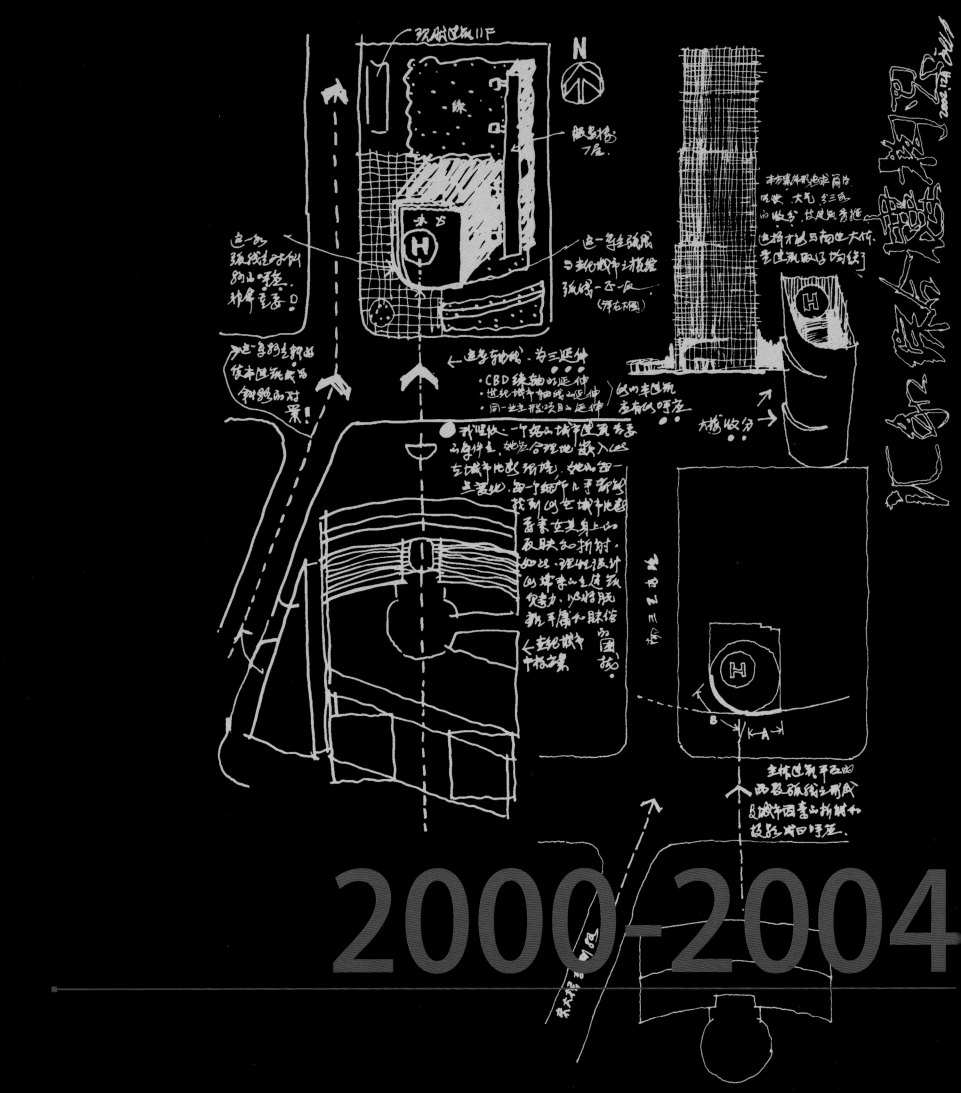

2000-2004

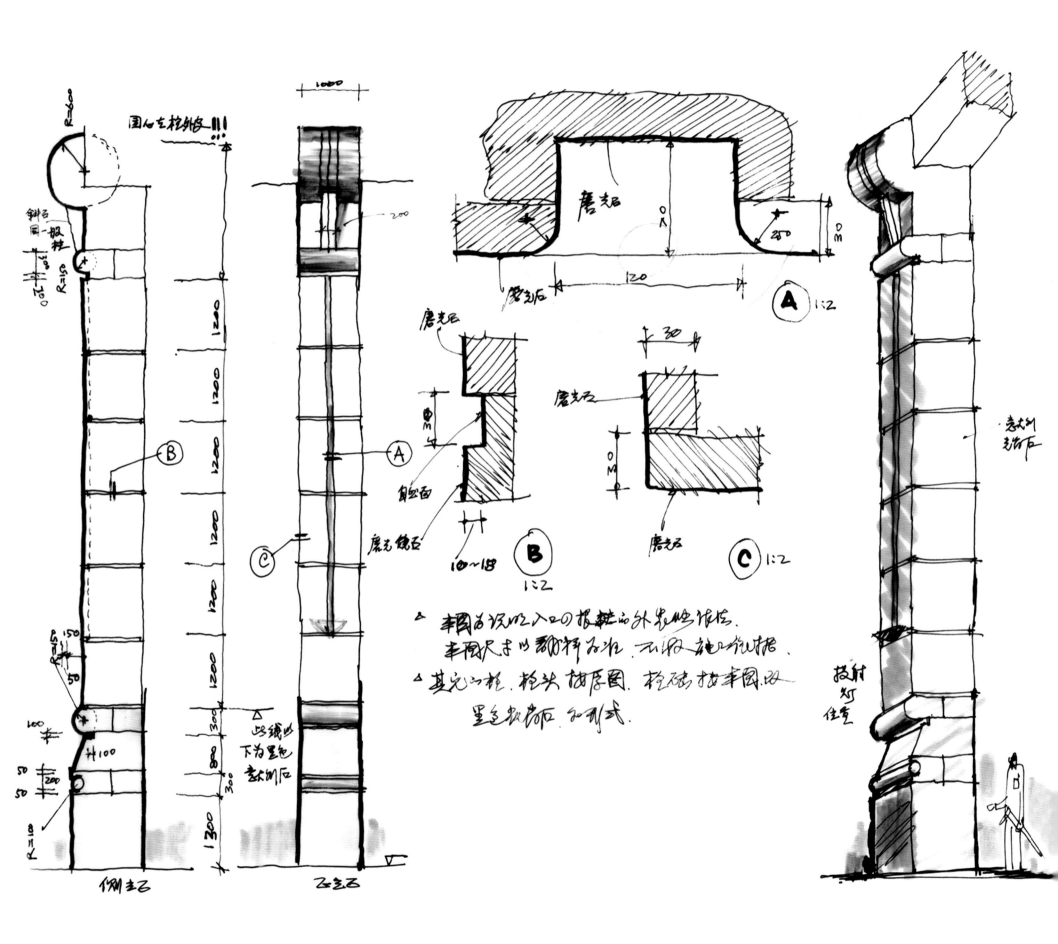

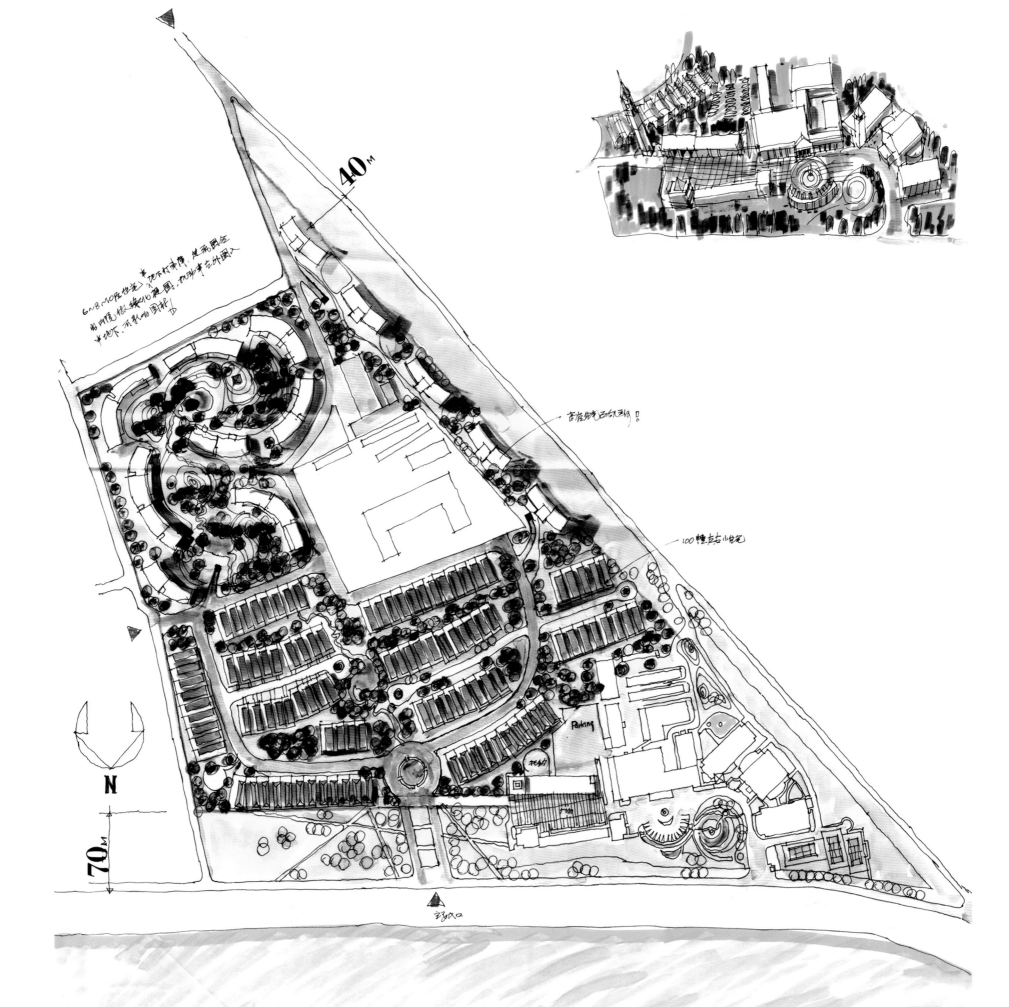

40M

70M

N

6、8MOR住宅）首层不架空，是系围合
前所完像化庭园，机动车去外围入
半地下，不采的围样

高度绕码认到的！

100棵左右小乔

Parking

录风口

木润家园规划概念方案 1:2000
2001年5月1日

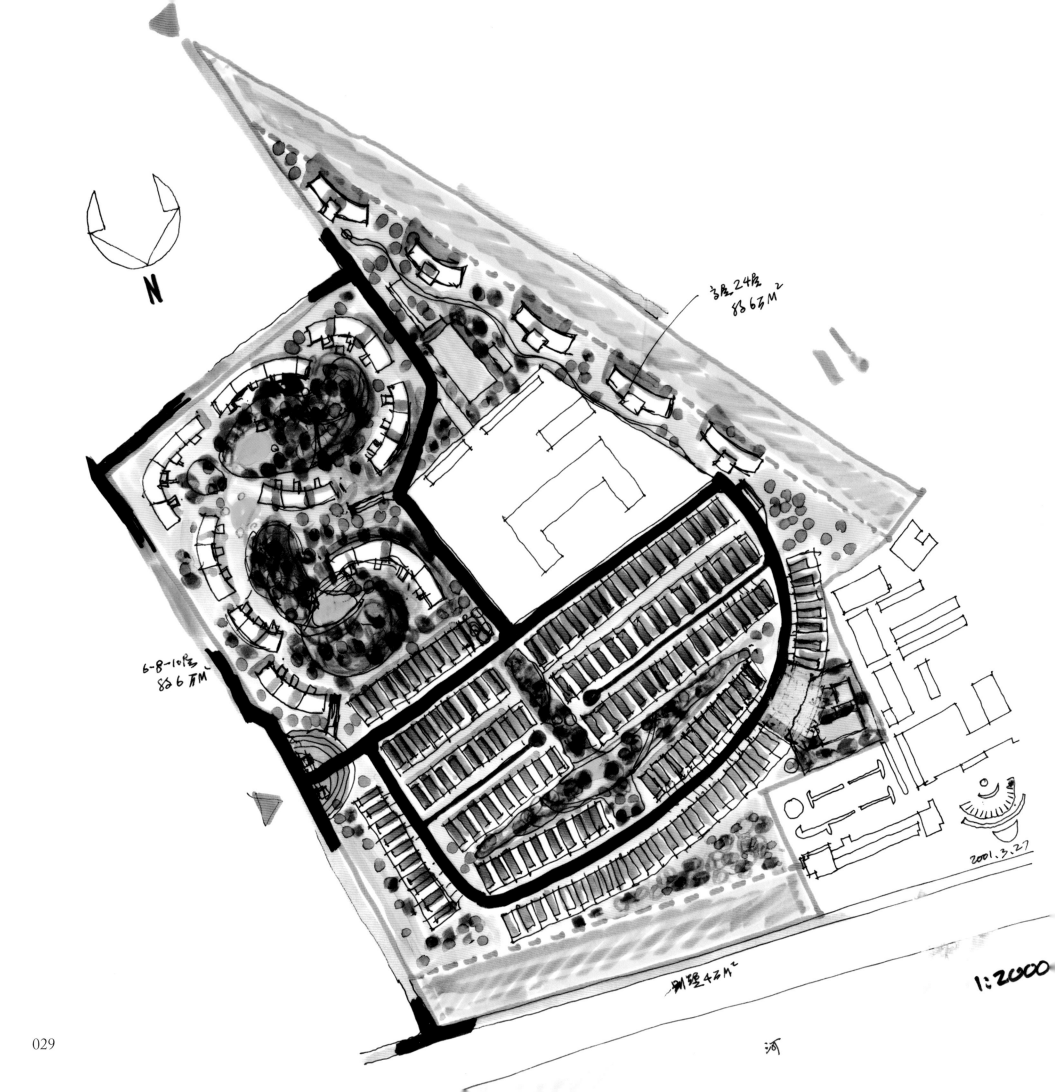

N

高层24层
8863M²

6-8-10层
826万M²

用地42万M²

河

1:2000

2001.3.27

029

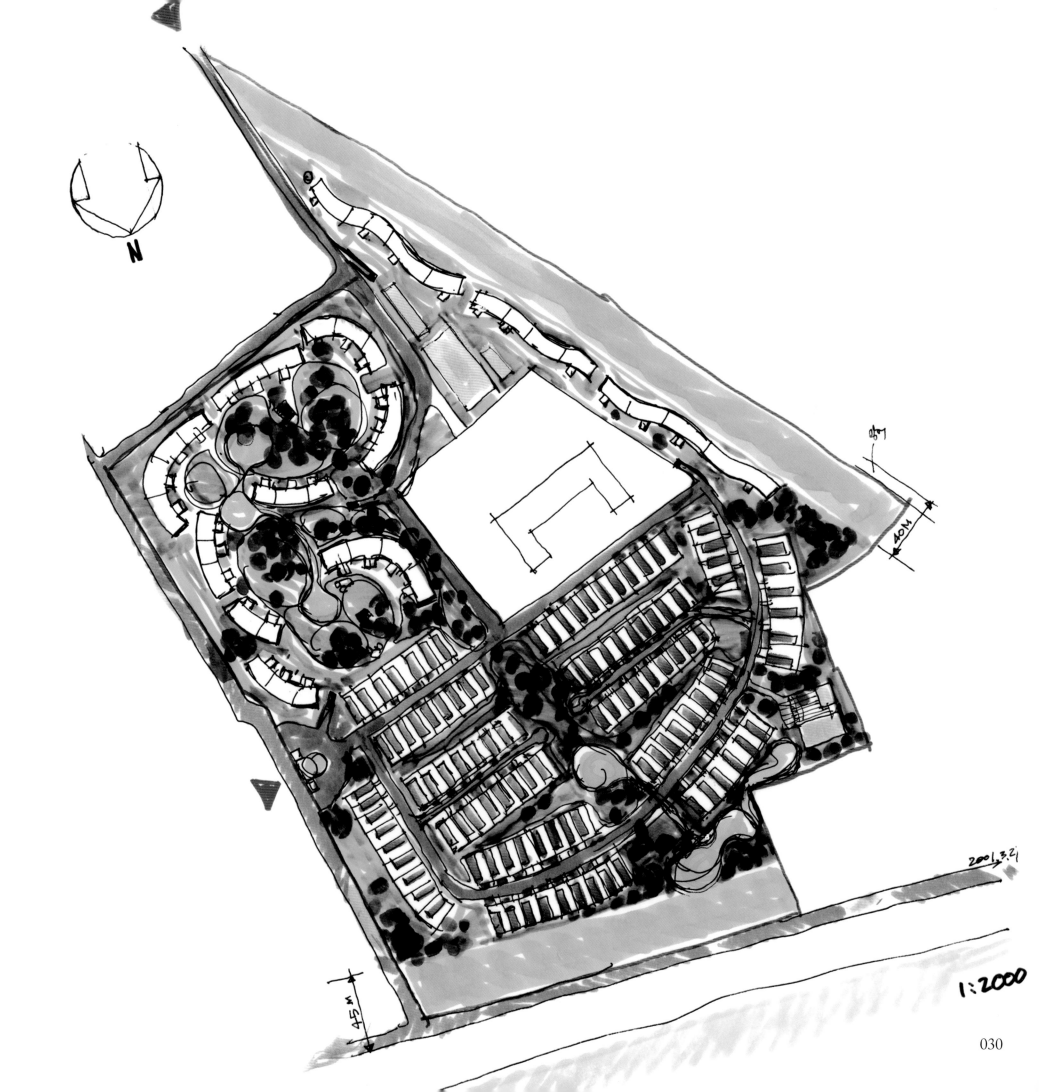

N

40 M.

45 m

2001.3.21

1:2000

原有建筑物

原有边界

现有健身

原有建筑物

UP

DN

现状

红线

斜线活铺地
花园,用花岗石！

现状围墙

红线

POOL

东边的最水最情与花街与铺地机会！

现状围墙

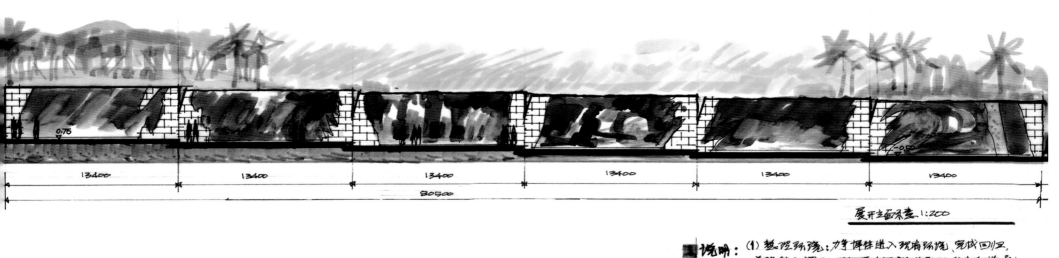

13400　　13400　　13400　　13400　　13400　　13400

80500

展开立面示意 1:200

■说明：(1) 基地环境：力争博往进入现有环境，完成回归，
并强调加调之，利用原有国广场依库不之结束和收尾，
加坡形下沉于加休开物之或前美，近0旦为最低查位室，使面公国
原轴线向呀Q.8入我书空，参观险线明确。
(2) 用凡苑语言治粉巨虫地涛内食：前广场下沉，电西逐午新多水
从高向低流，寓室：时光回凤，追忆历史；旦面逝午多多，嘉玄抗导
游主液绿步多绿化，安立抑及，援兴中华立奋志，占又高场。2川

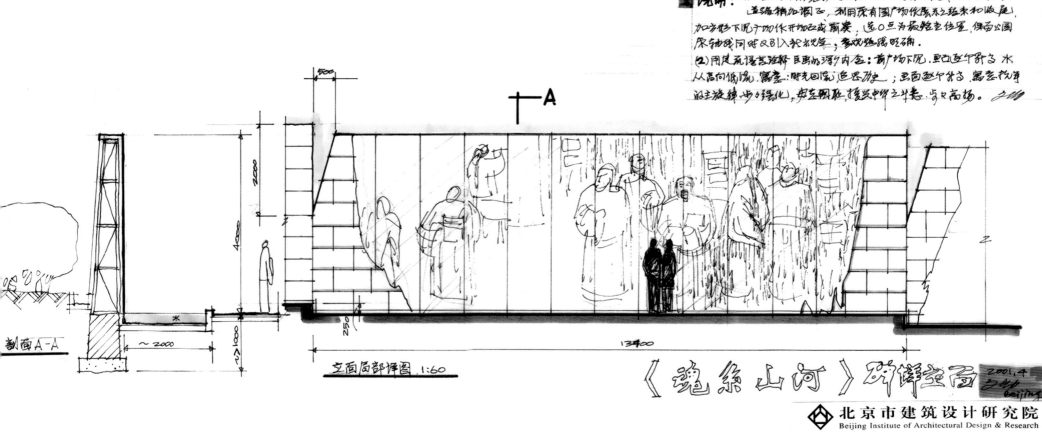

A

500

1200

400

250

13400

剖面A-A

~2000

~1000

立面局部详图 1:60

《魂系山河》碑群立面　2001,4

北京市建筑设计研究院
Beijing Institute of Architectural Design & Research

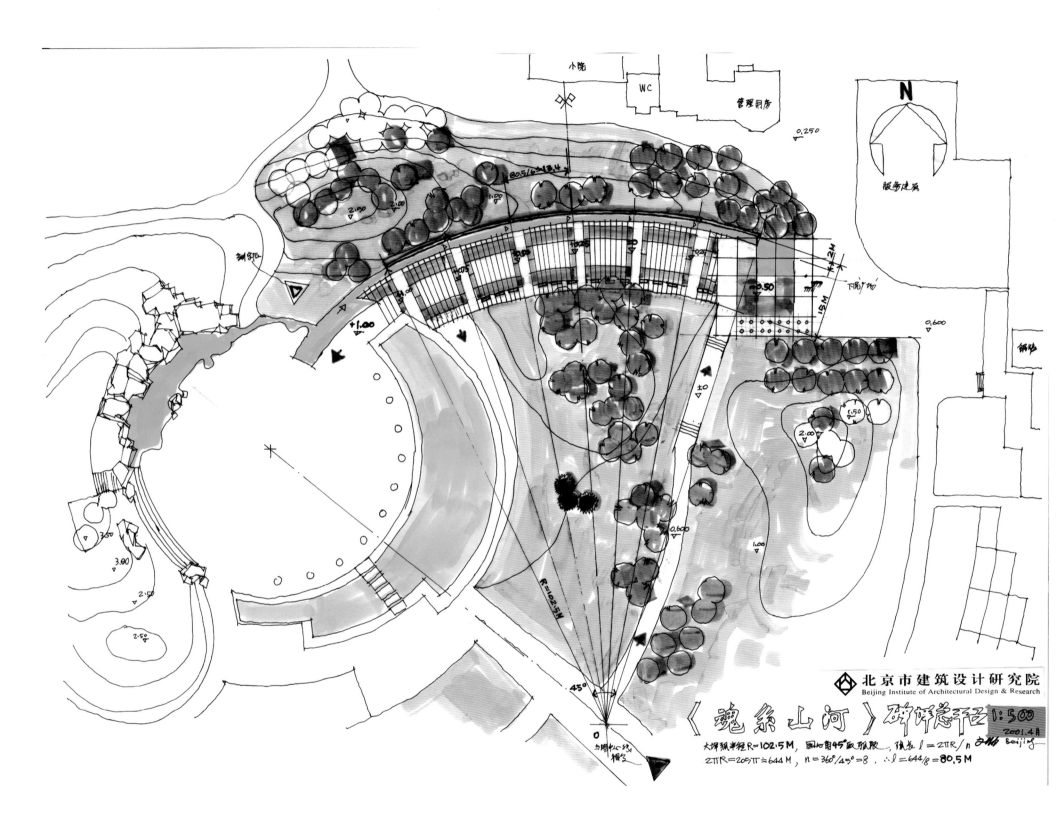

N

小院

WC

管理用房

服务建筑

锅炉

△0.250

△0.600

R=102.5M

45°

△±0

△0.600

△1.00

△1.50

△2.00

△2.50

△3.00

△3.00

80.5/6≈13.4

北京市建筑设计研究院
Beijing Institute of Architectural Design & Research

《魂系山河》碑林总平面 1:500
2001.4月 Beijing

大坪弧半径R=102.5M，圆心角45°取弧段，弧长 l = 2πR/n；
2πR=205π≈644M，n=360°/45°=8，∴ l =644/8=80.5M

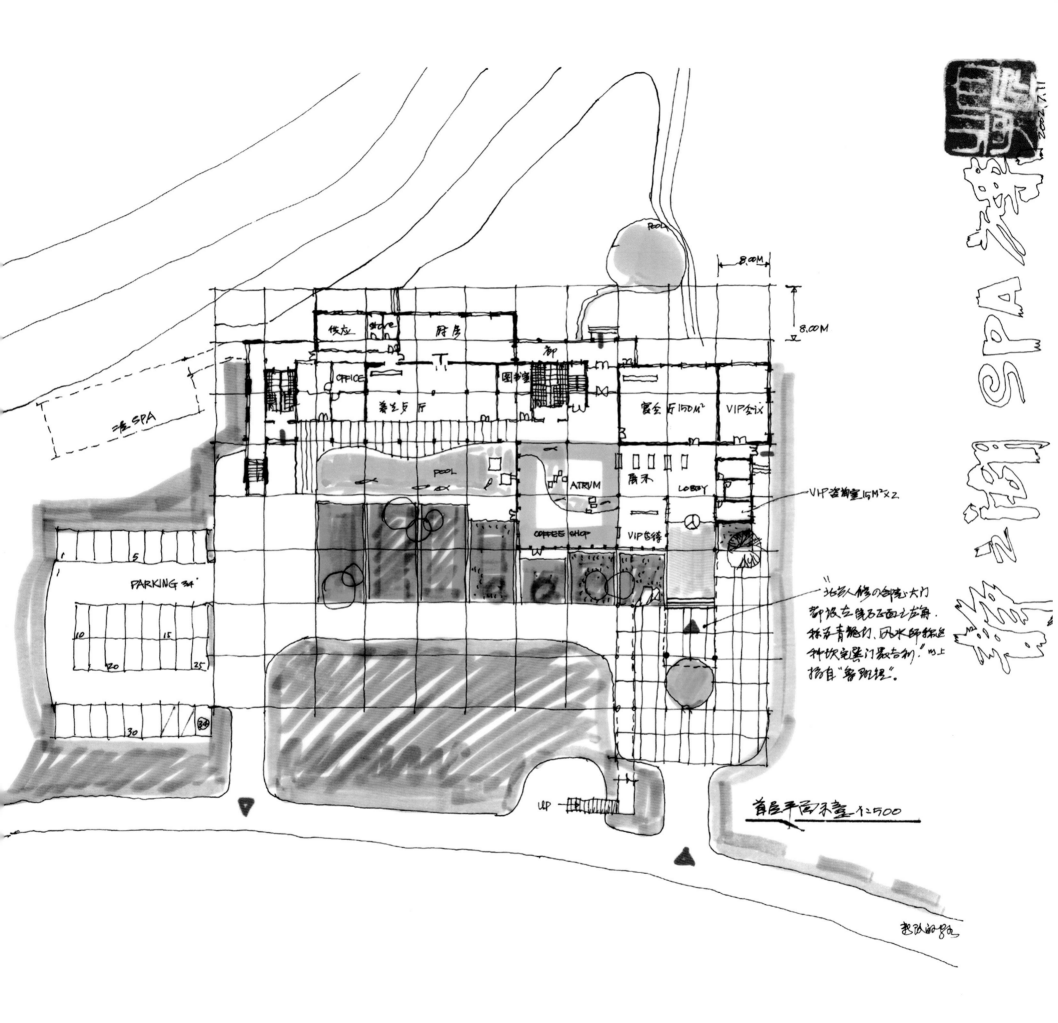

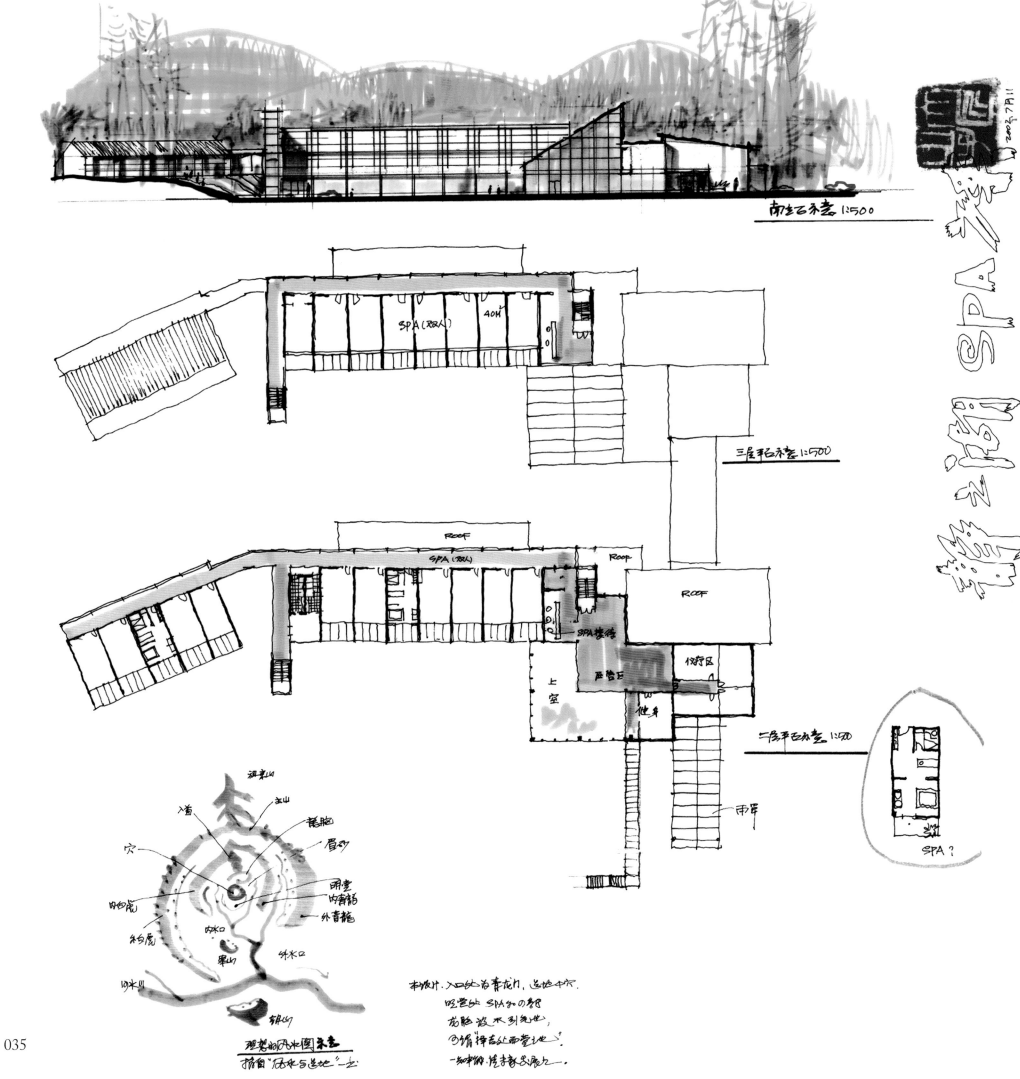

南立面图 1:500

三层平面图 1:500

ROOF

SPA(双人)

ROOF

ROOF

SPA楼梯

休闲区

上空

更衣室

健身

水岸

一层平面图 1:500

SPA ?

理想的风水图示意
摘自《历来与选址》一书

本设计，入口处为青龙门，选地中央。
吃堂处SPA和仙境
葡脑没水到先地，
回绕得吉处而营地。
一知中的途径家民展之。

035

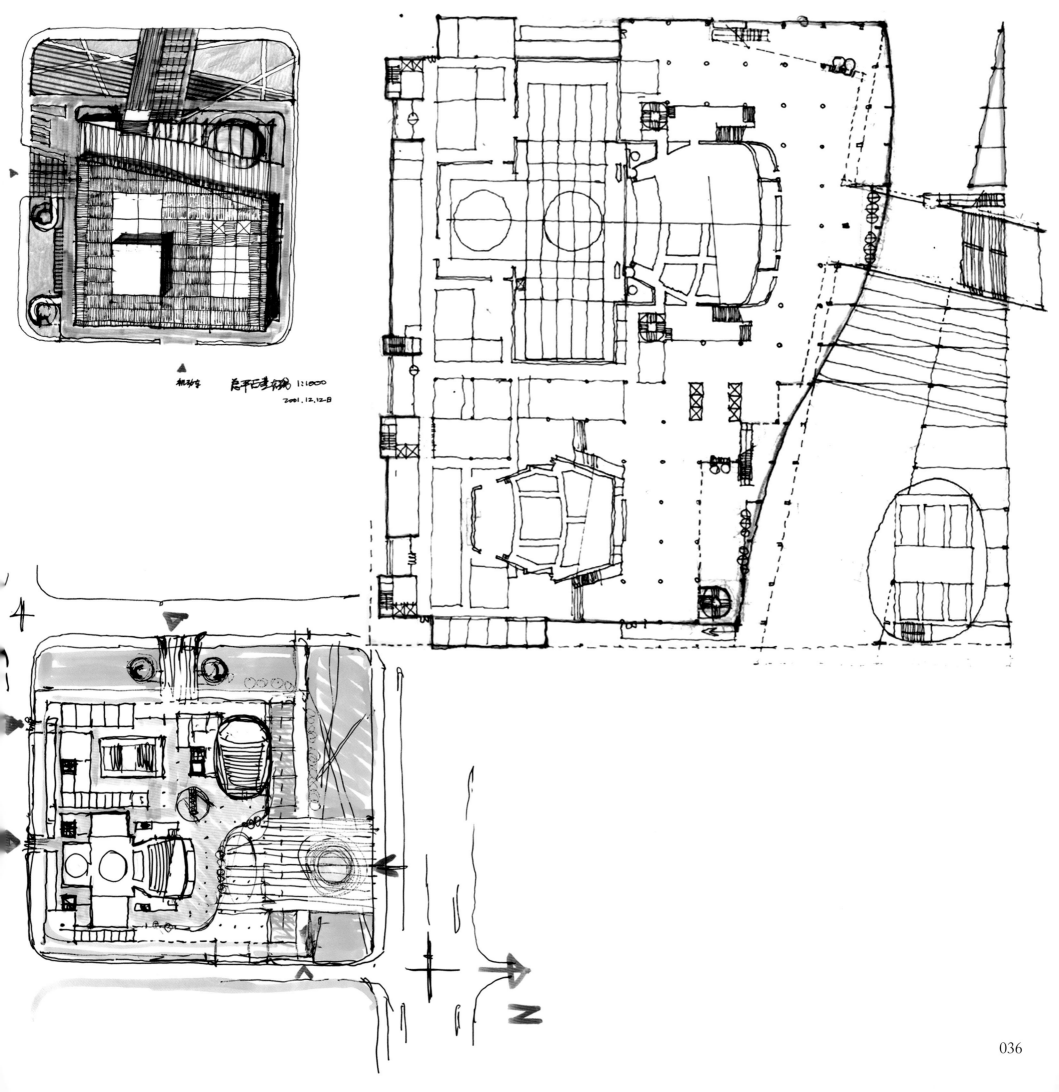

初草图　总平面图 1:1000
2001.12.12-B

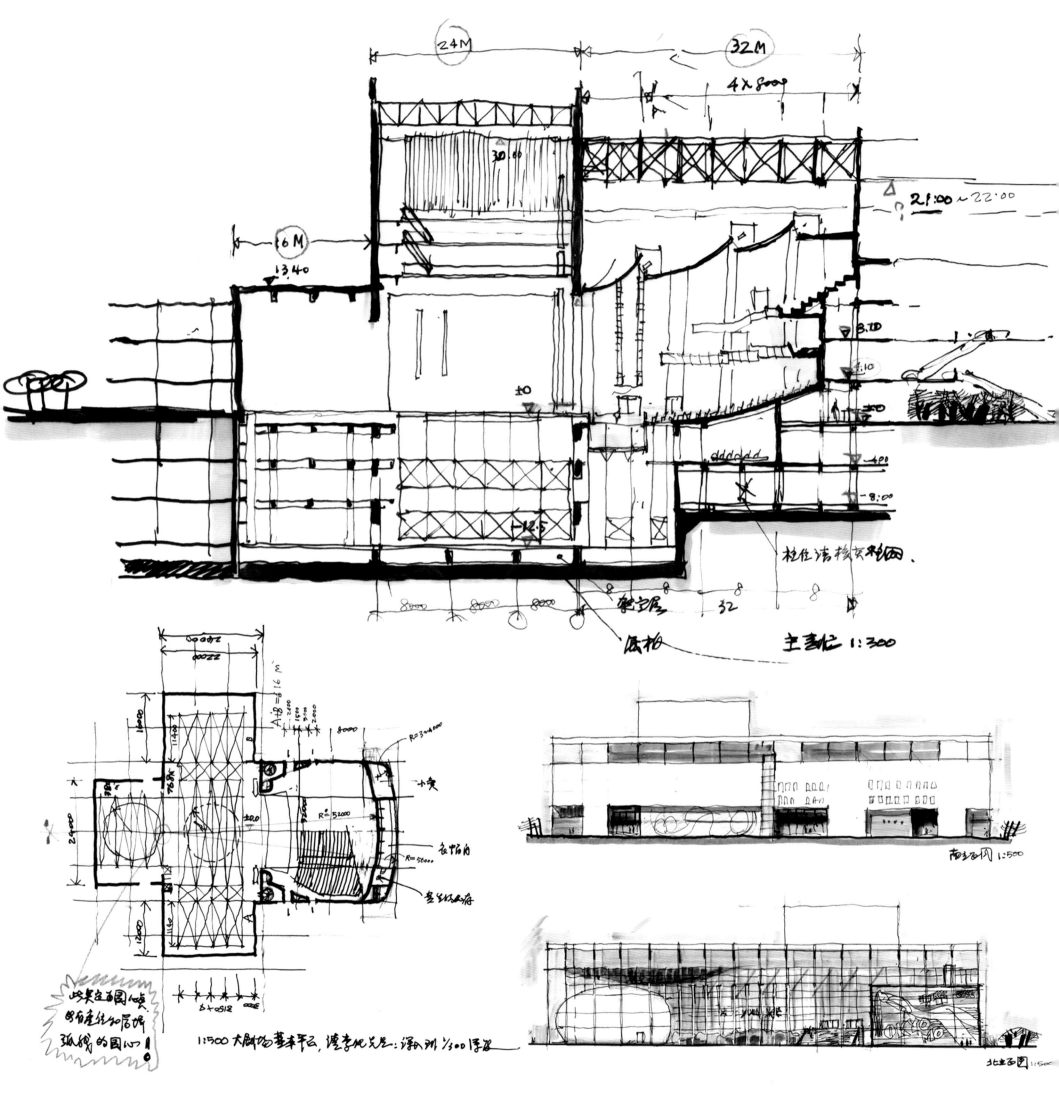

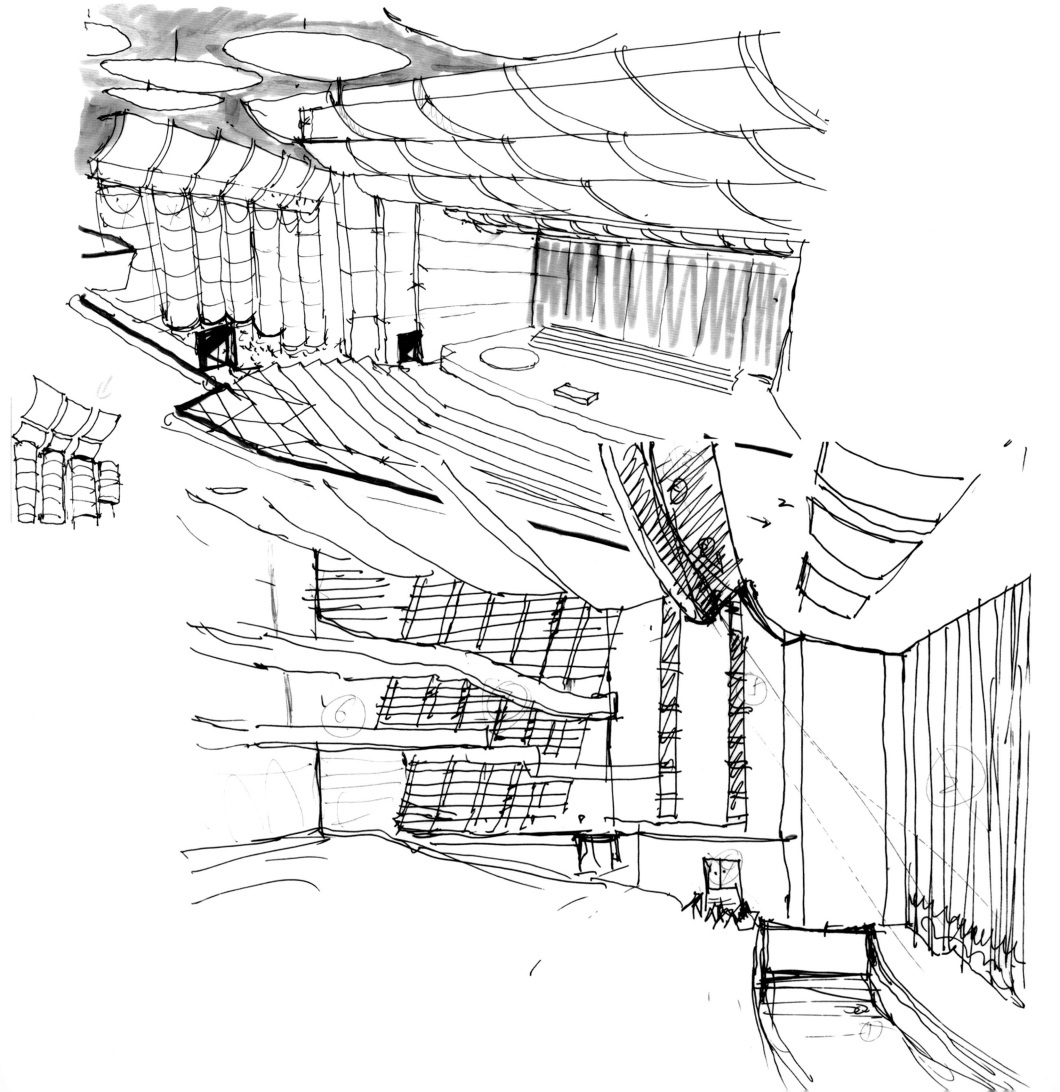

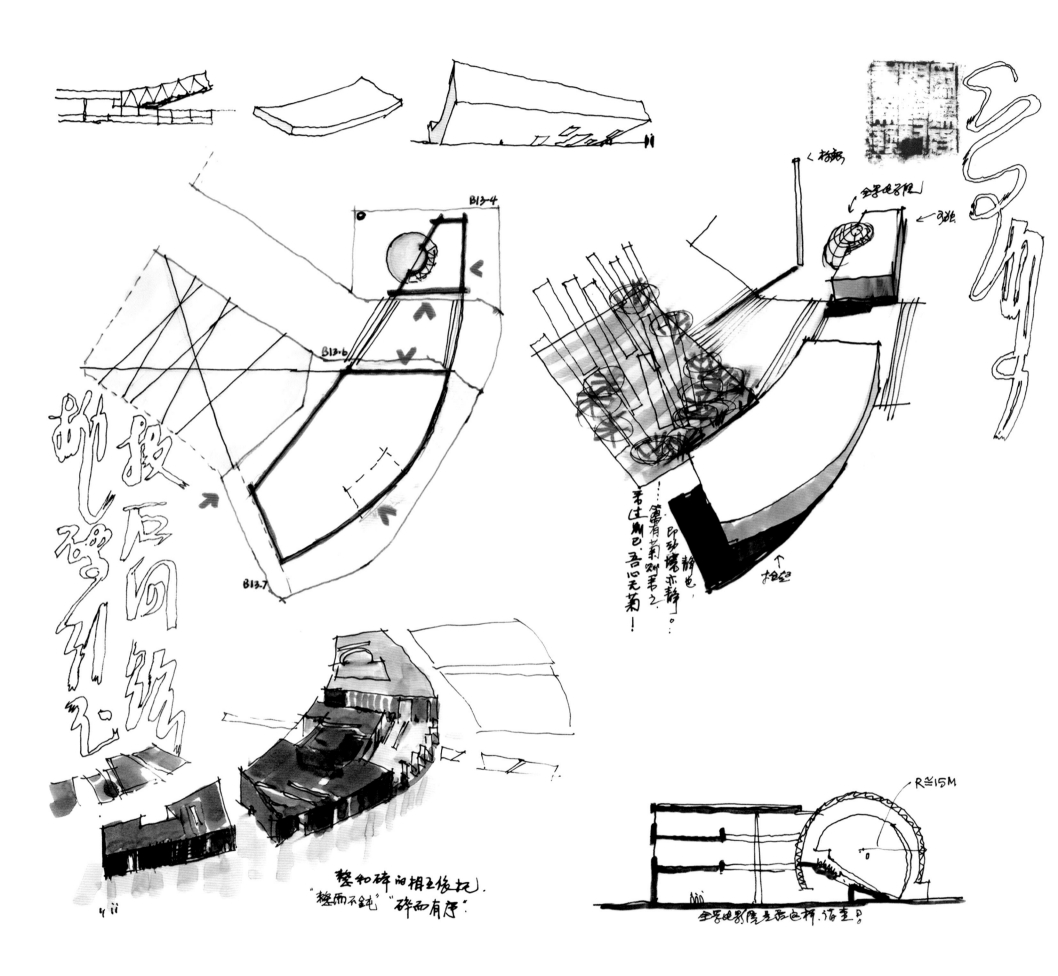

B13-4

B13-6

B13-7

R≈15M

整和碎的相互依托
"整而不纯" "碎而有序"

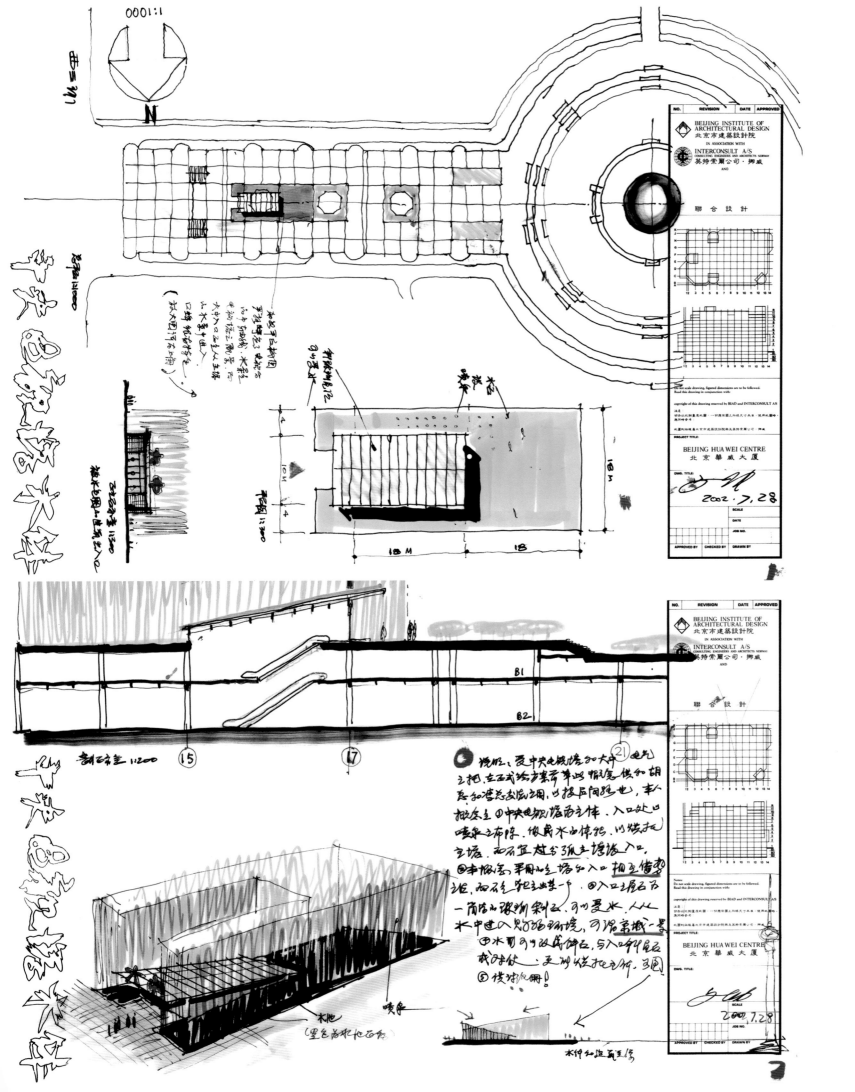

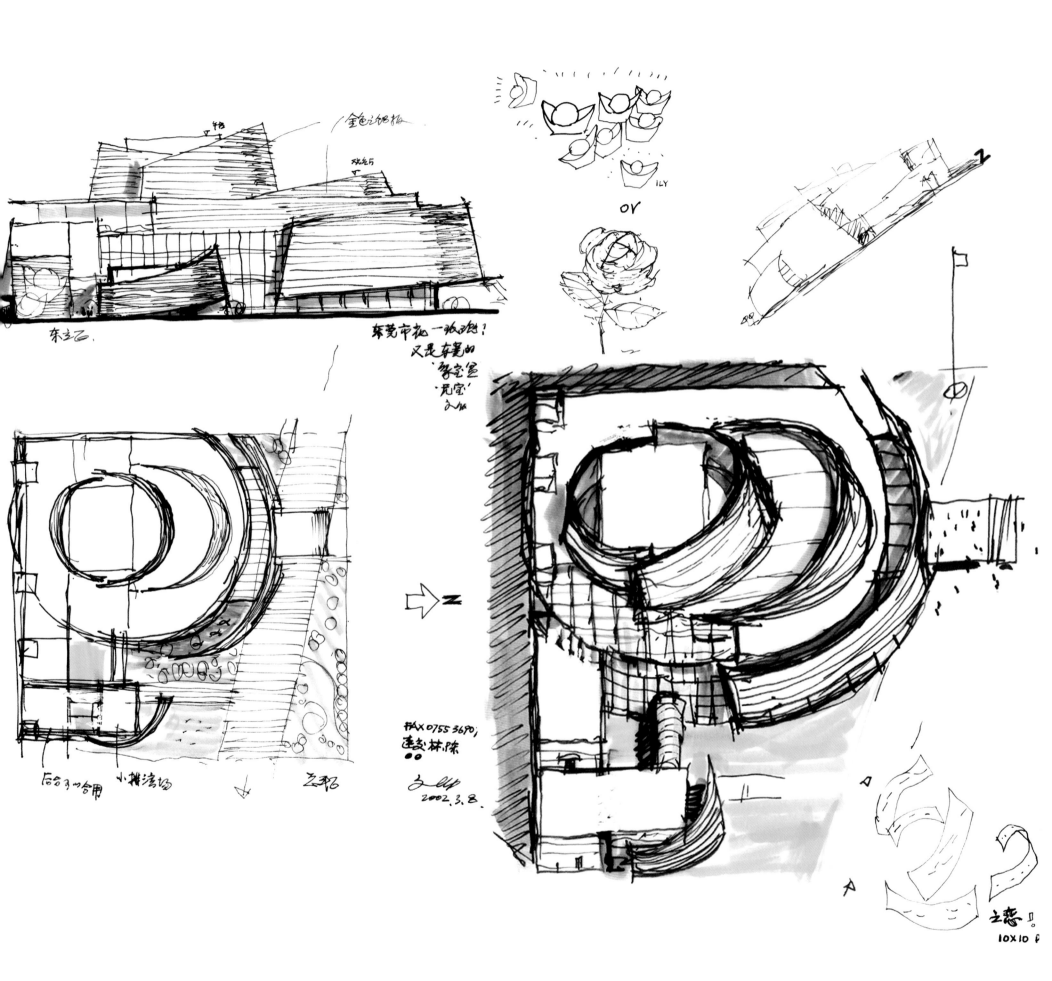

041

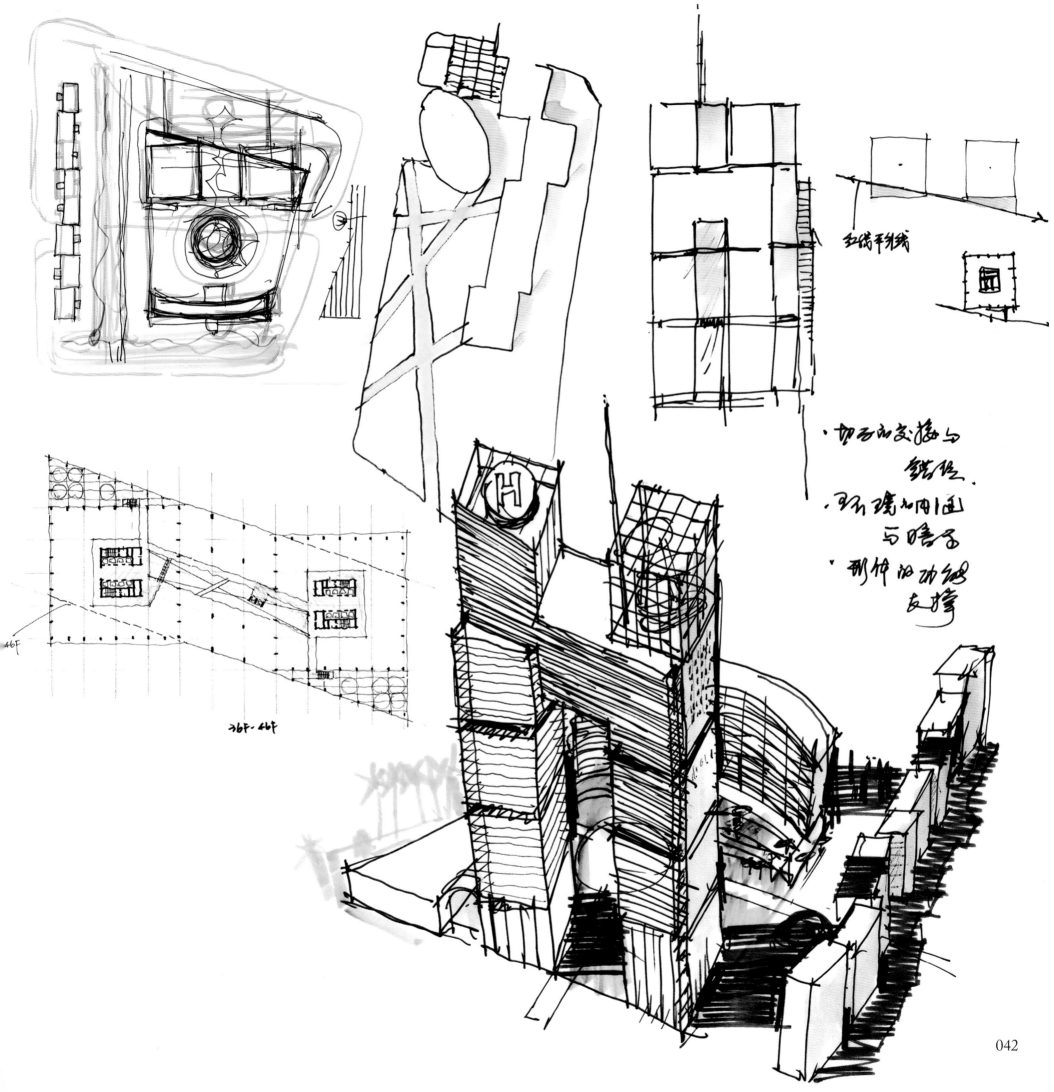

红线平行线

· 切面的交接与
       缝隙.
· 玻璃的阴面
       与睛影
· 那件的功能
       支撑

36F - 46F

46F

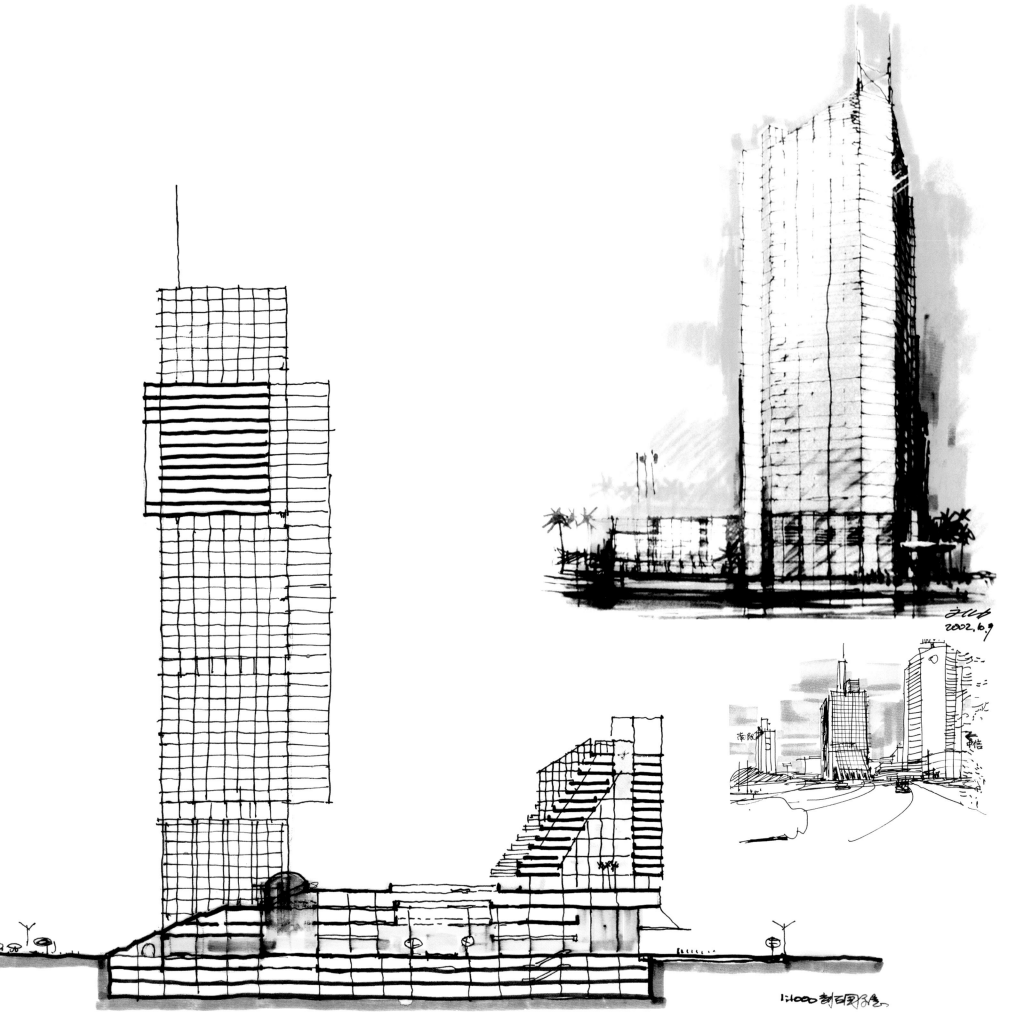

2002.6.9

1:1000

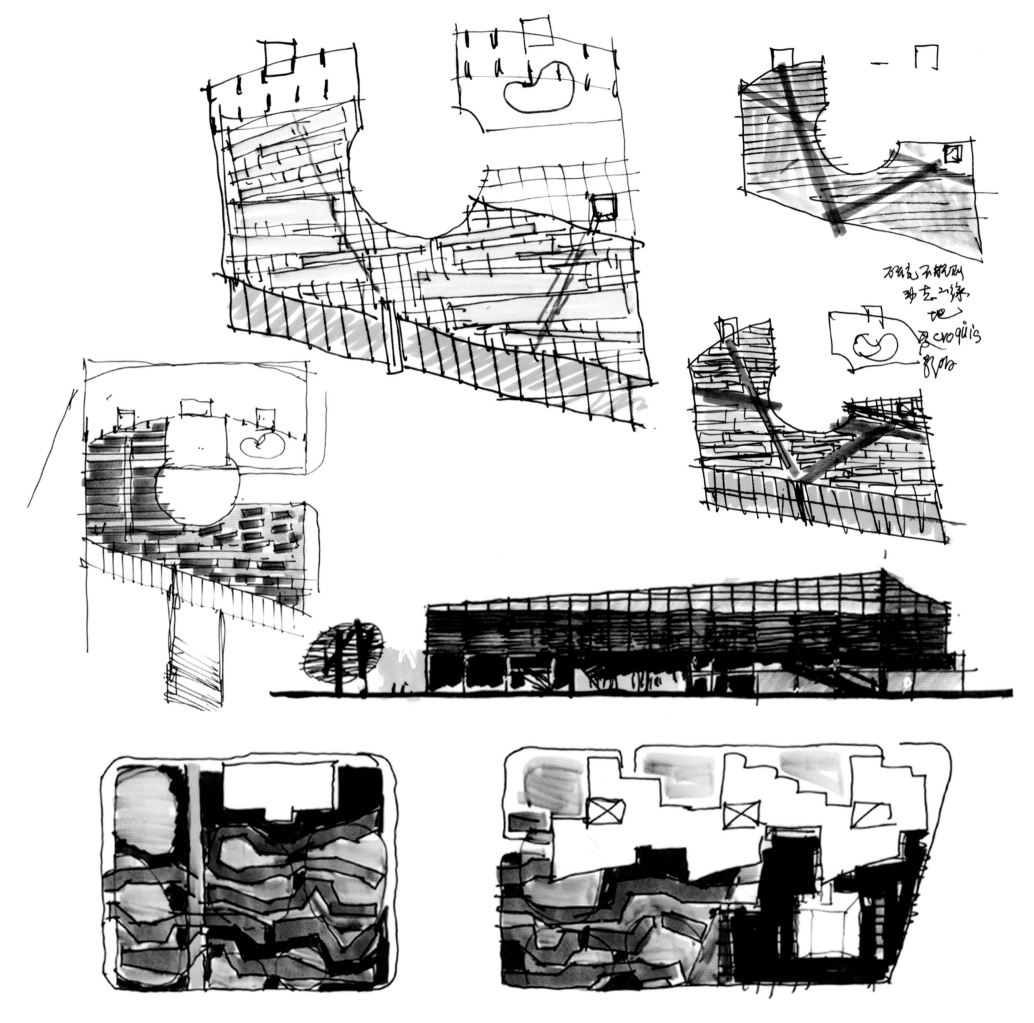

石玩。石板地
砖去边缘
地 → 及 cnoquis
郭阳

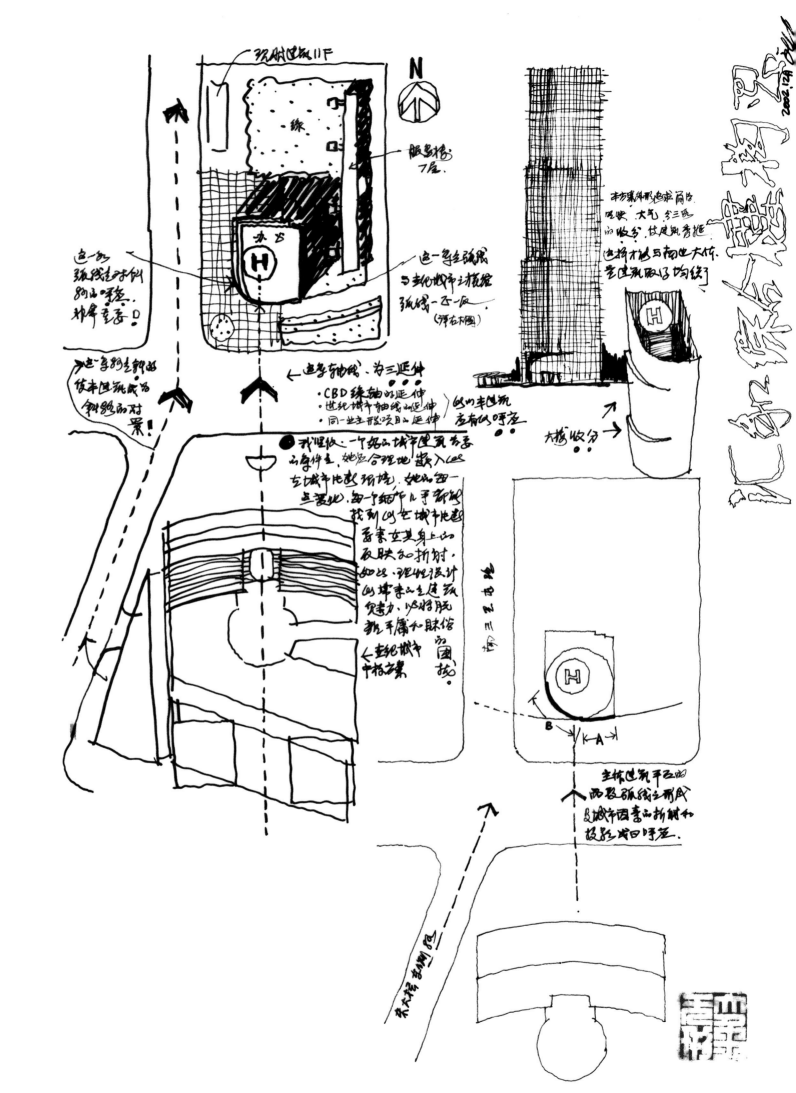

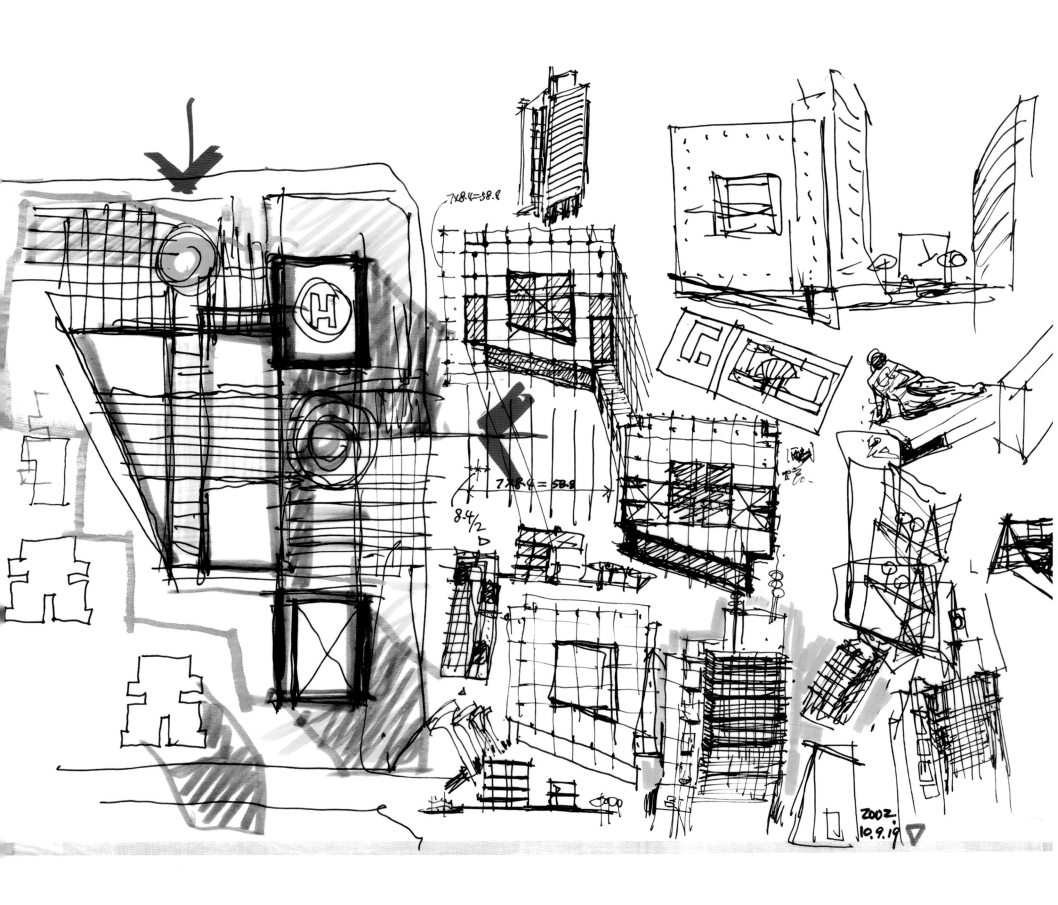

7×8.4=58.8

7×8.6=58.8

8.4/2

2002.
10.9.19

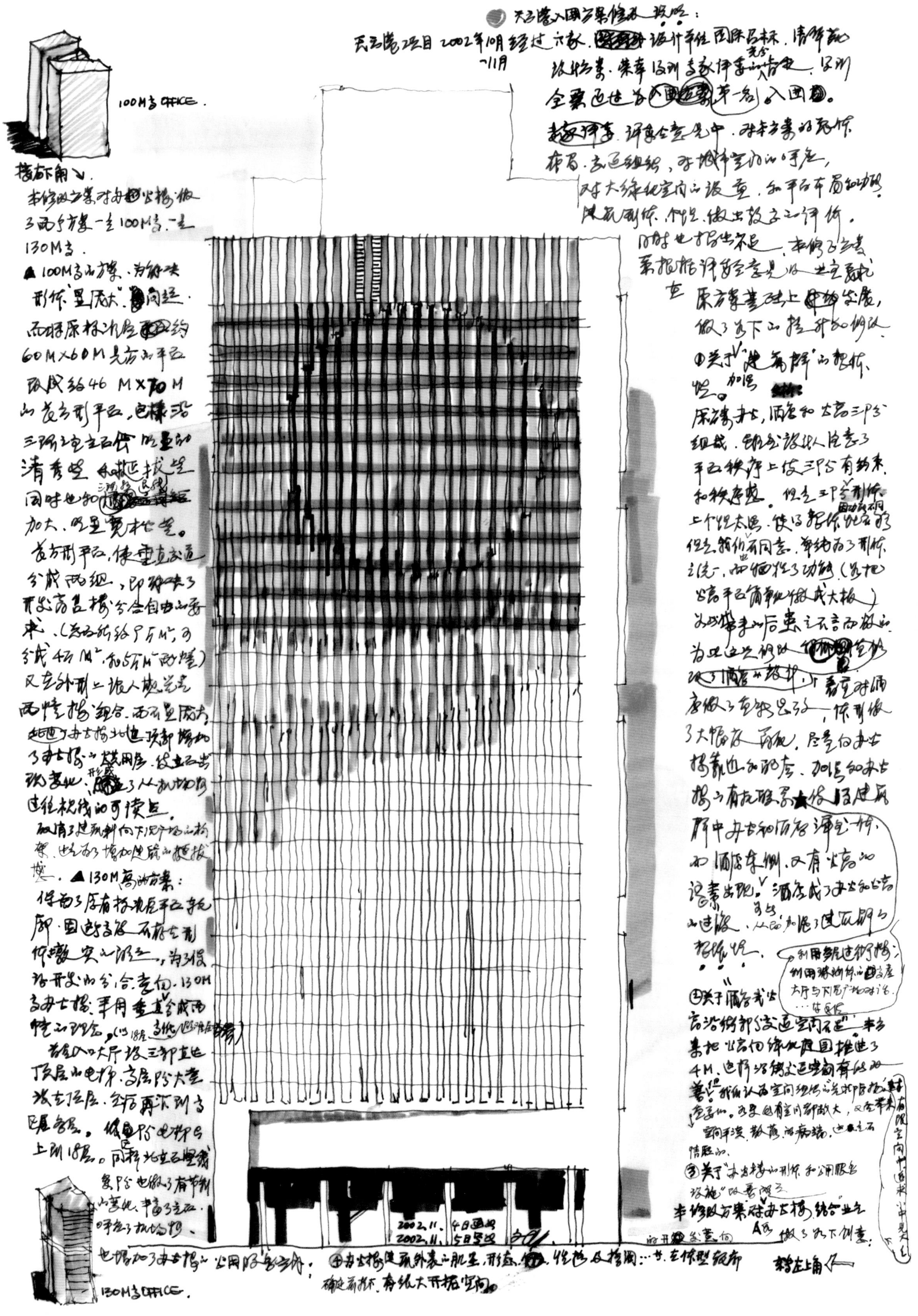
100M高 OFFICE
130M高 OFFICE
2002.11.4日画的
2002.11.5日写的

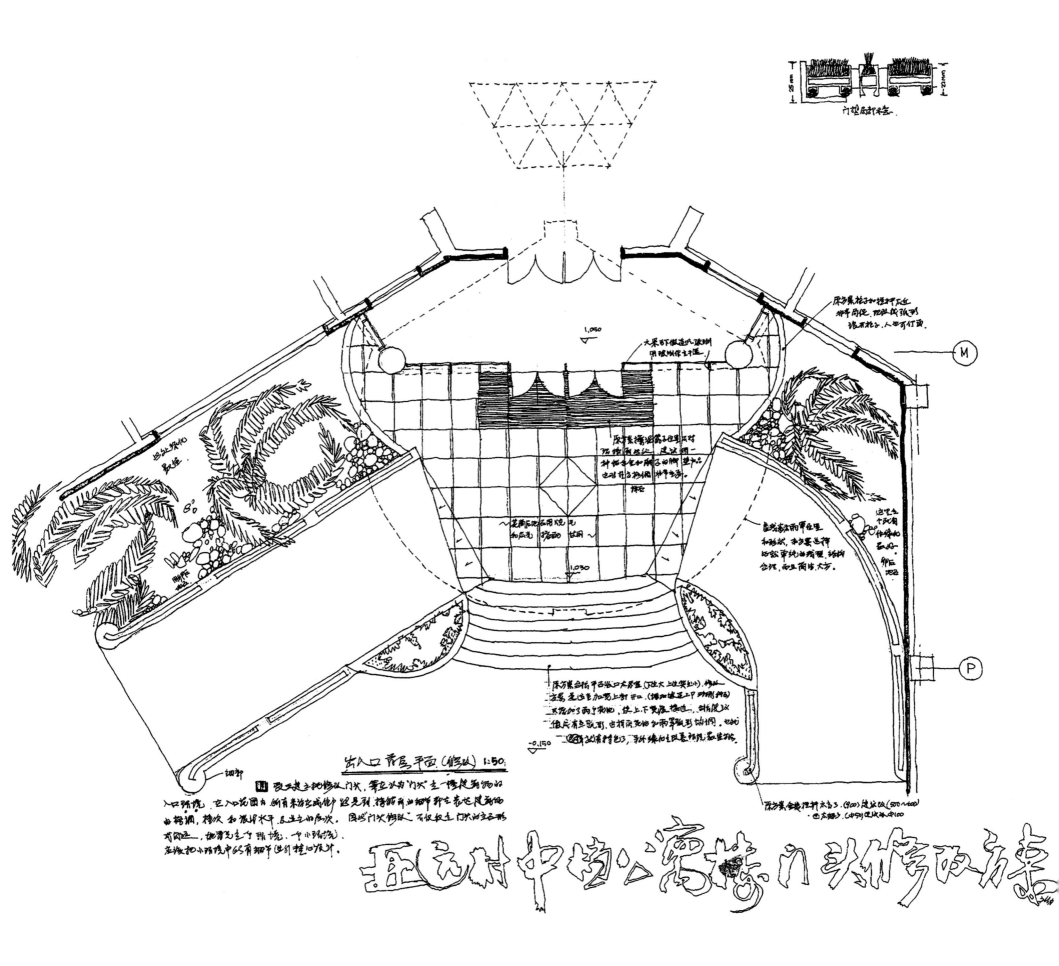

出入口景房平面（修改）1:50

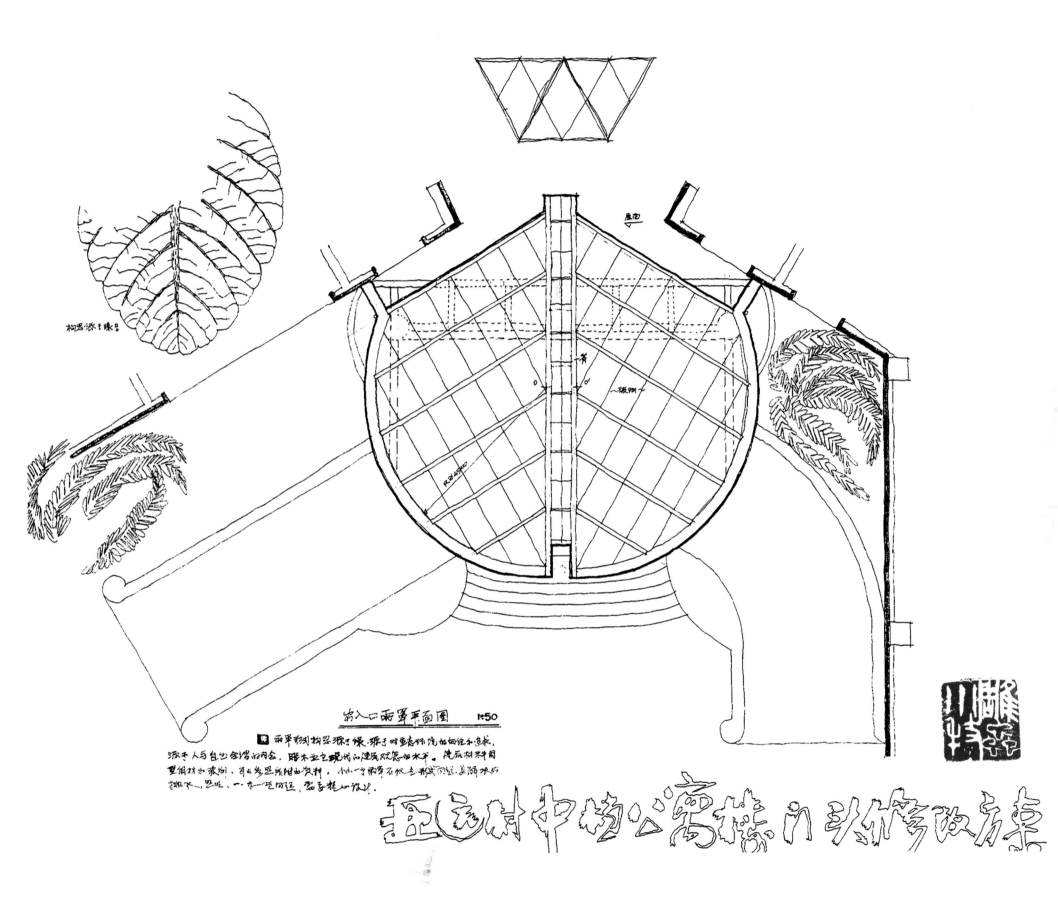

窗入口雨蓬平面图　1:50

图　雨蓬采用构思源于绿，源于对生态环境的细化本追求，源于人与自然合谐的内含，昭示当它现代的建筑观念如水平。使质材料用型钢材加索例，可以多显所附的资料。小小一个雨蓬在设计做成而经真简水的推木、垂吸、一去一芝间廷，品杂样如设垃。

亚运村中档公寓楼门头修改方案

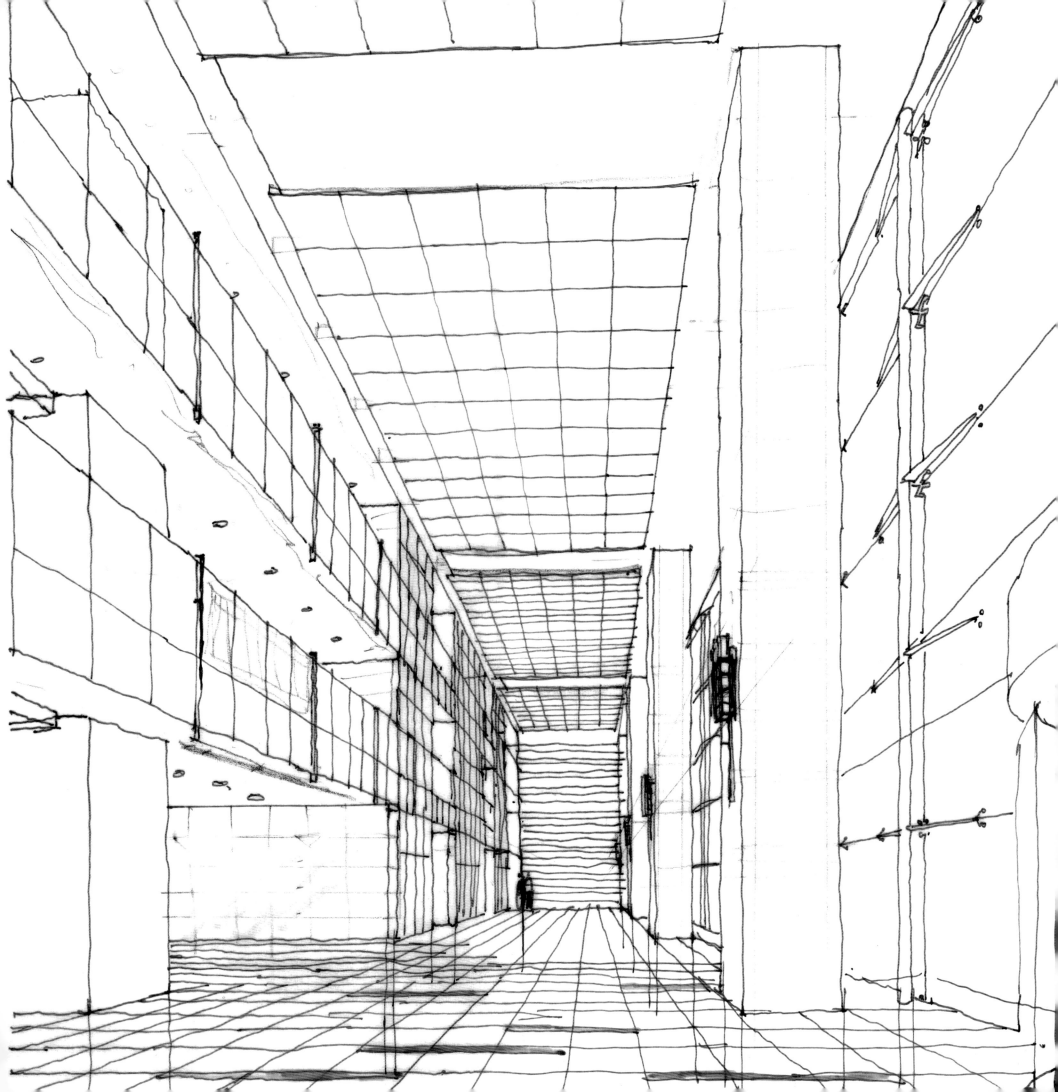

051

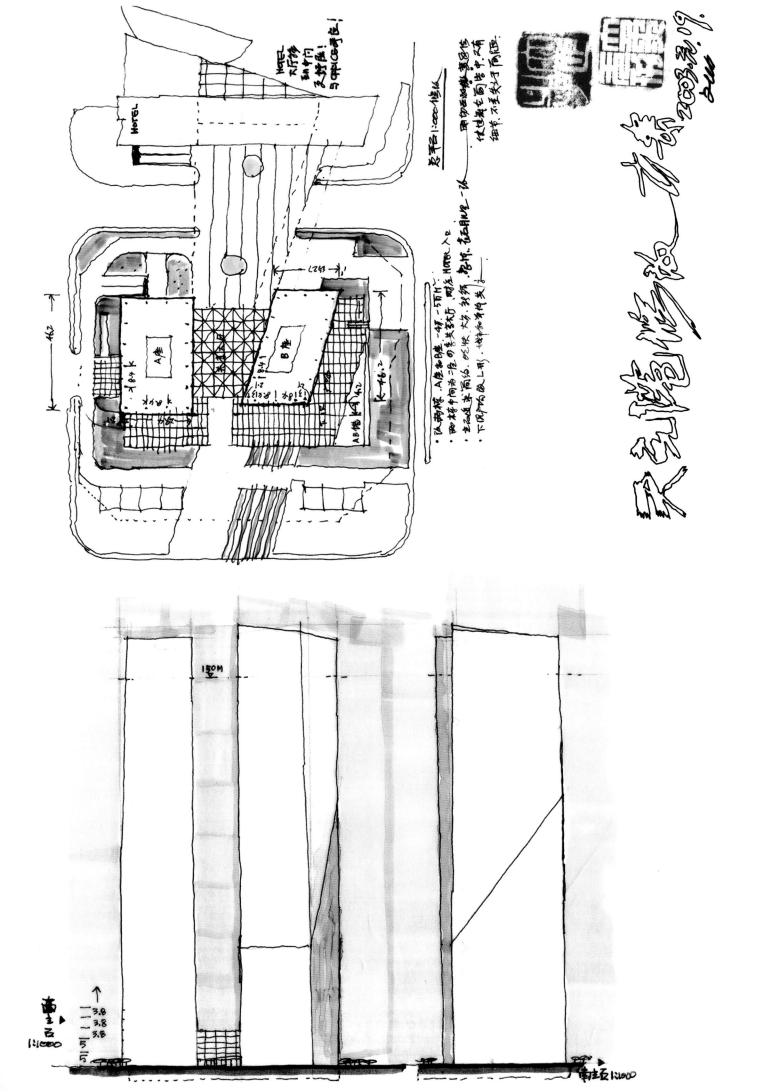

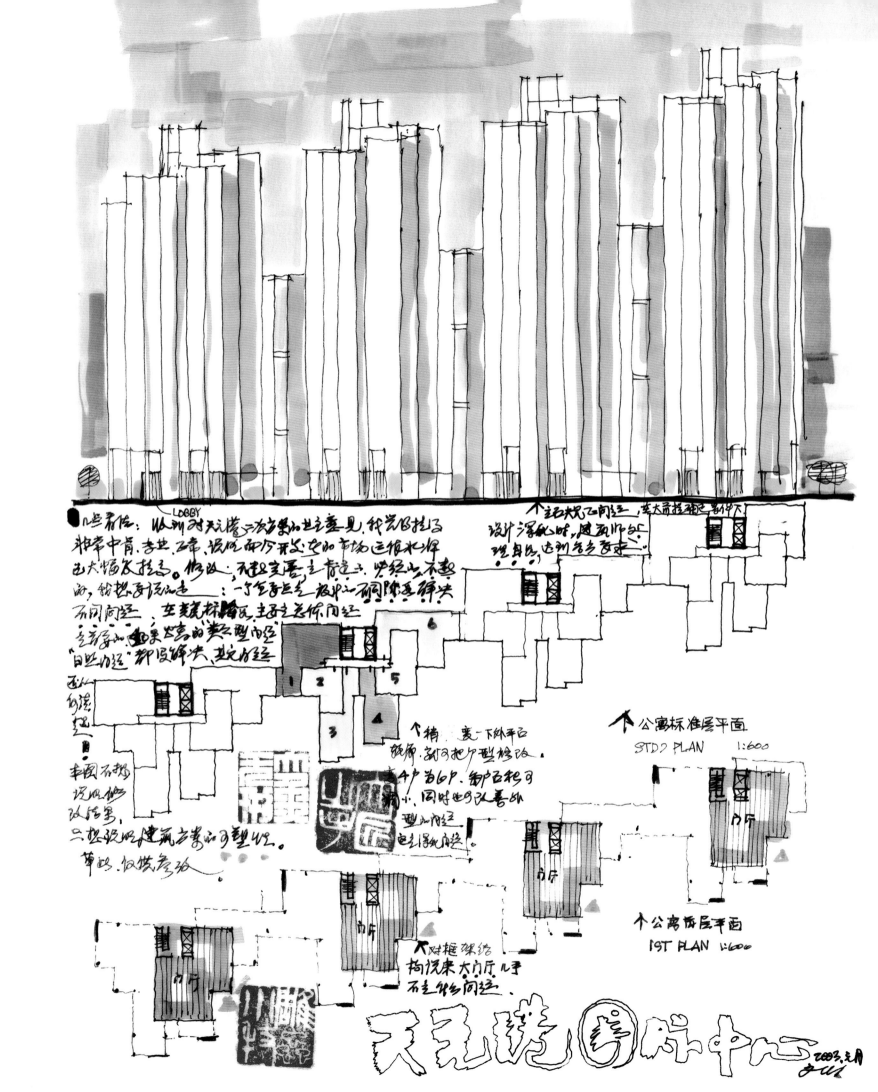

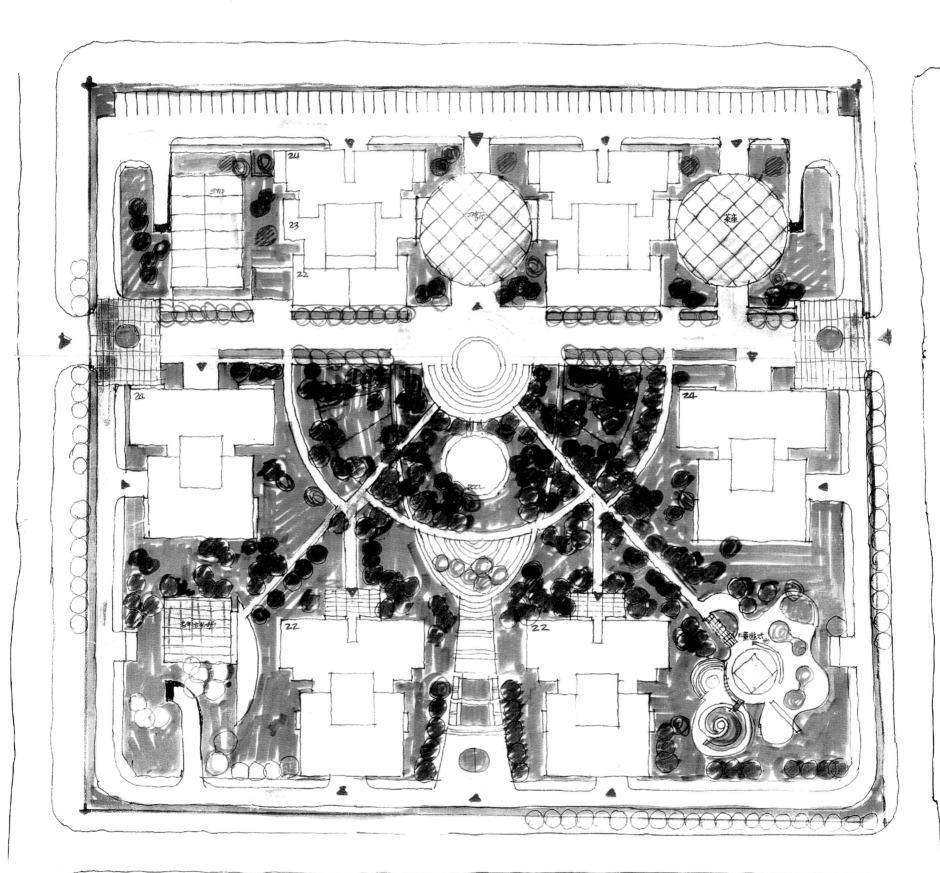

科 荟 东 路

  1:500

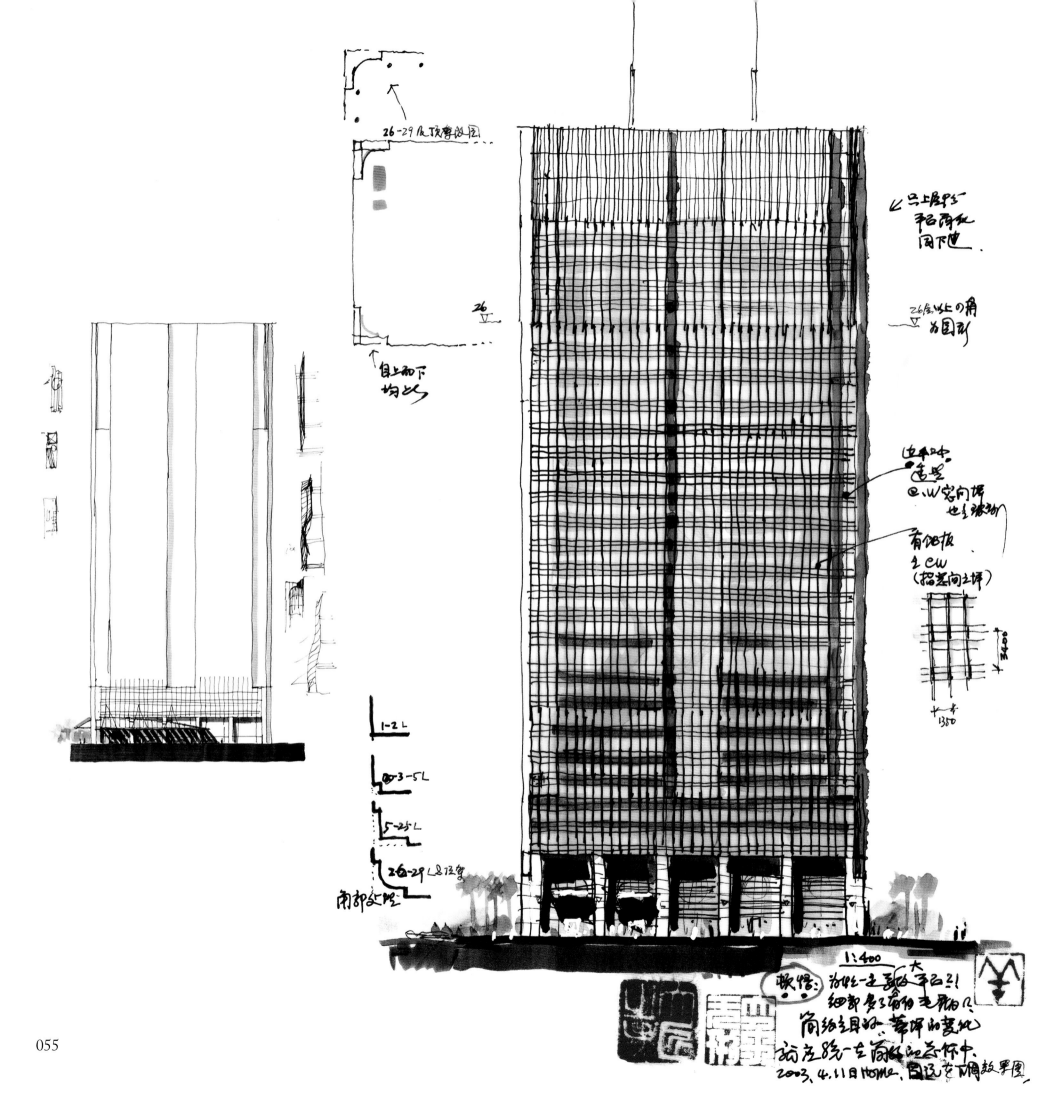

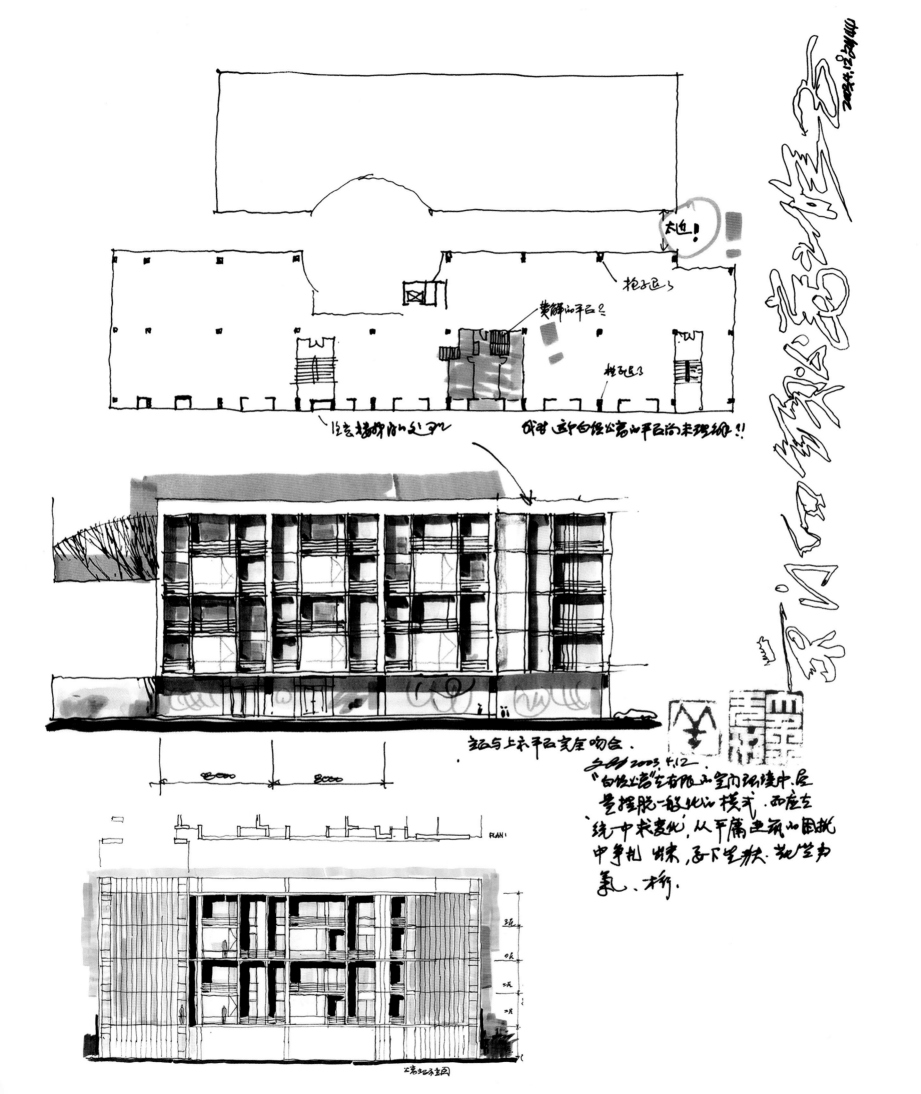

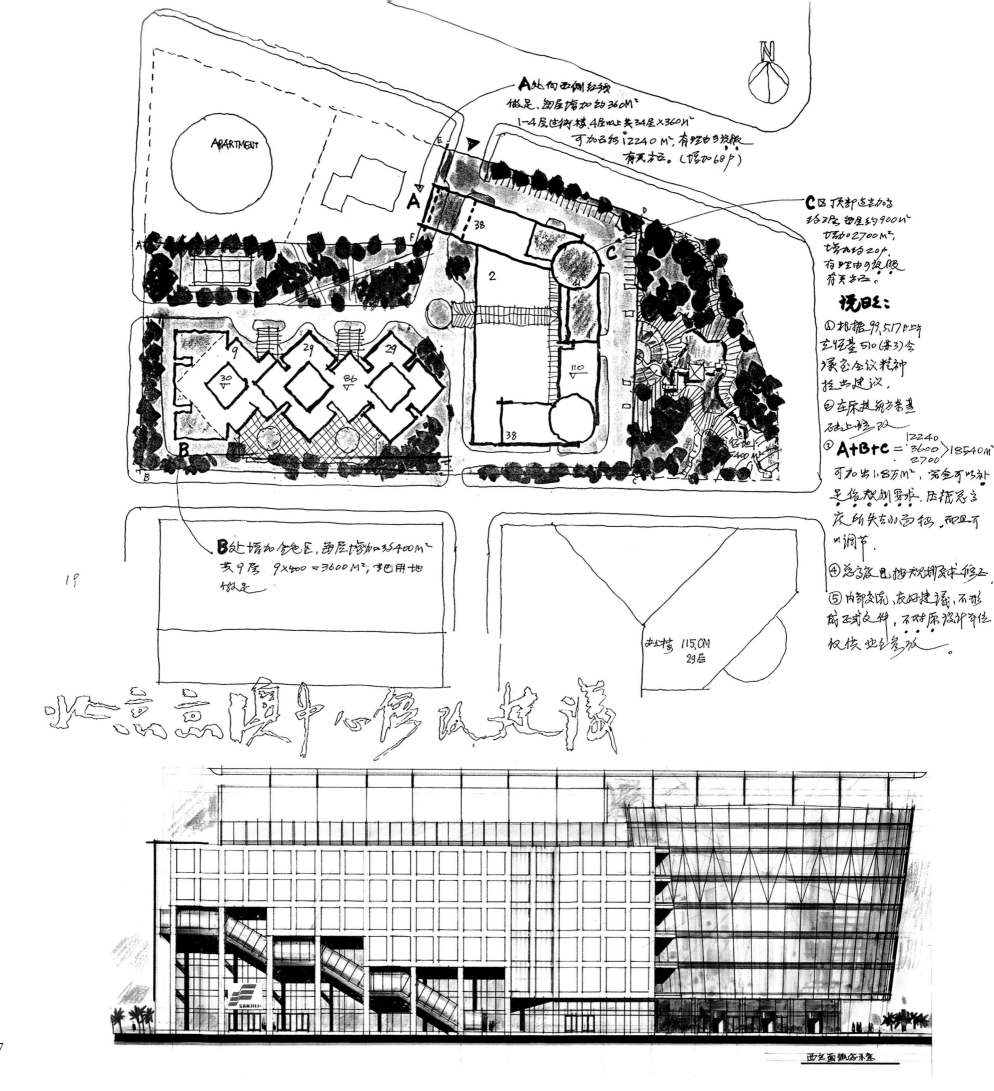

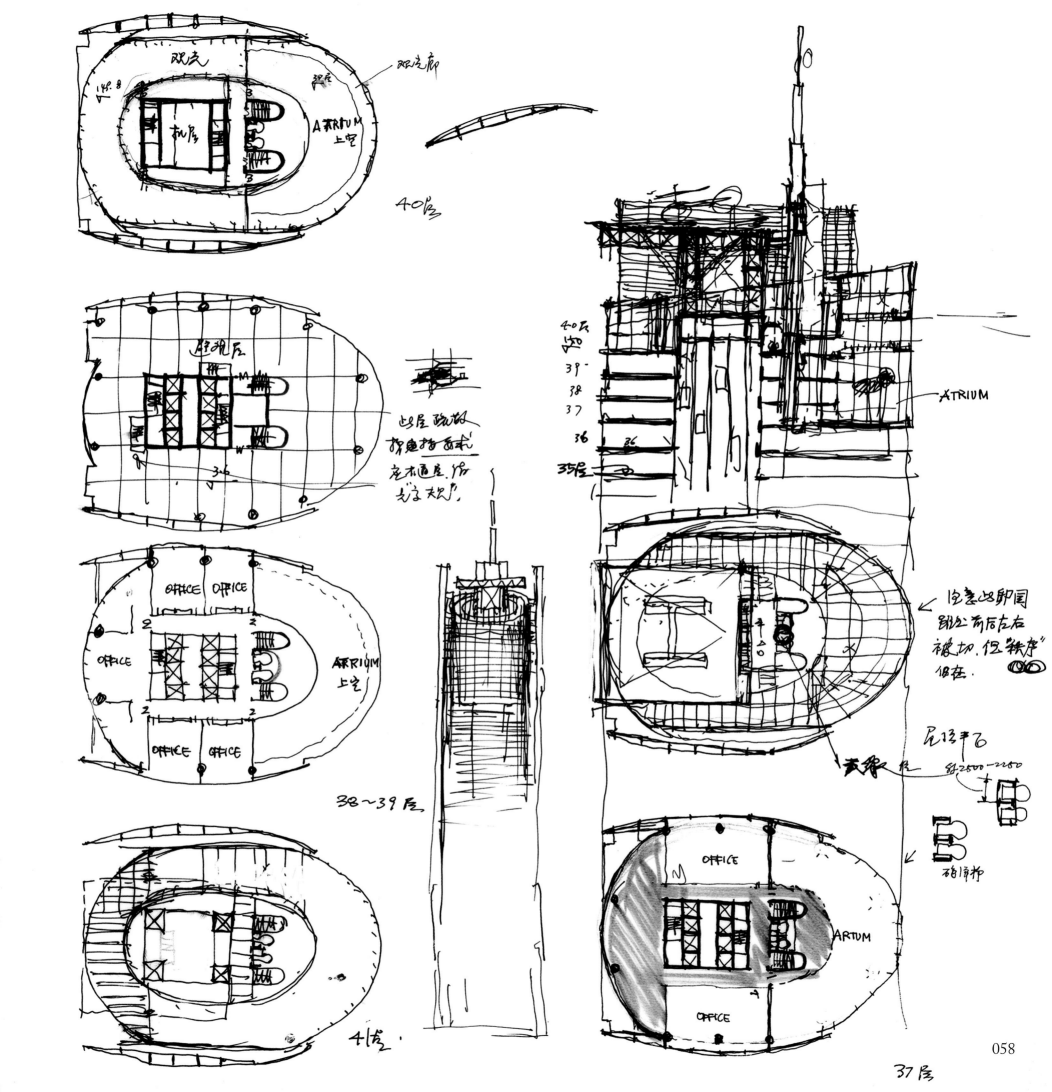

058

37层

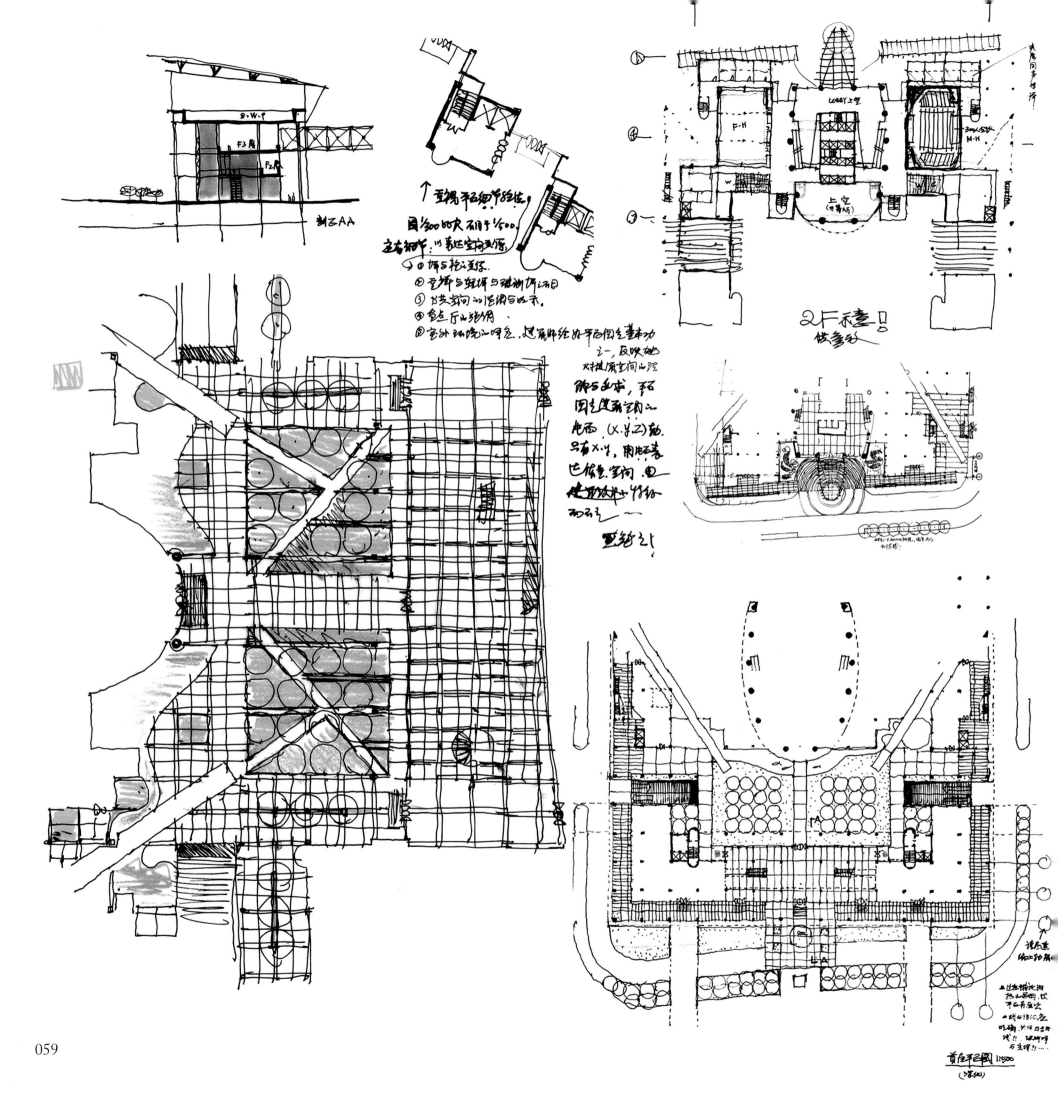

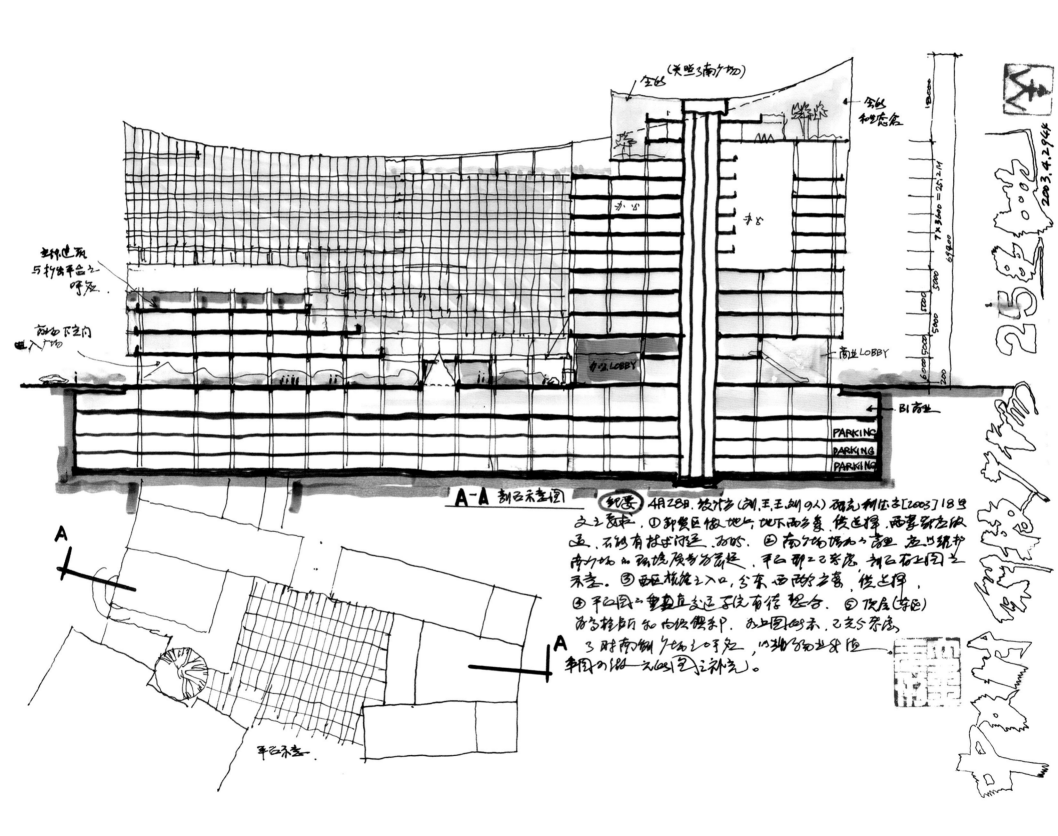

A-A 剖面示意图

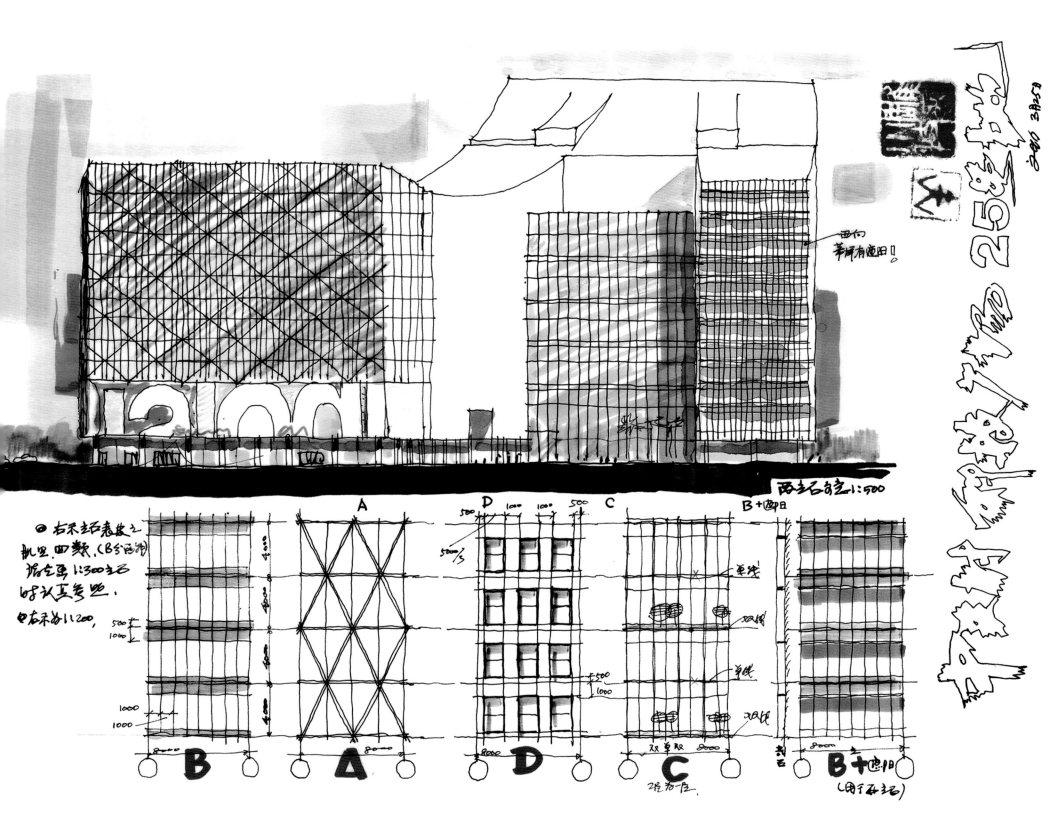

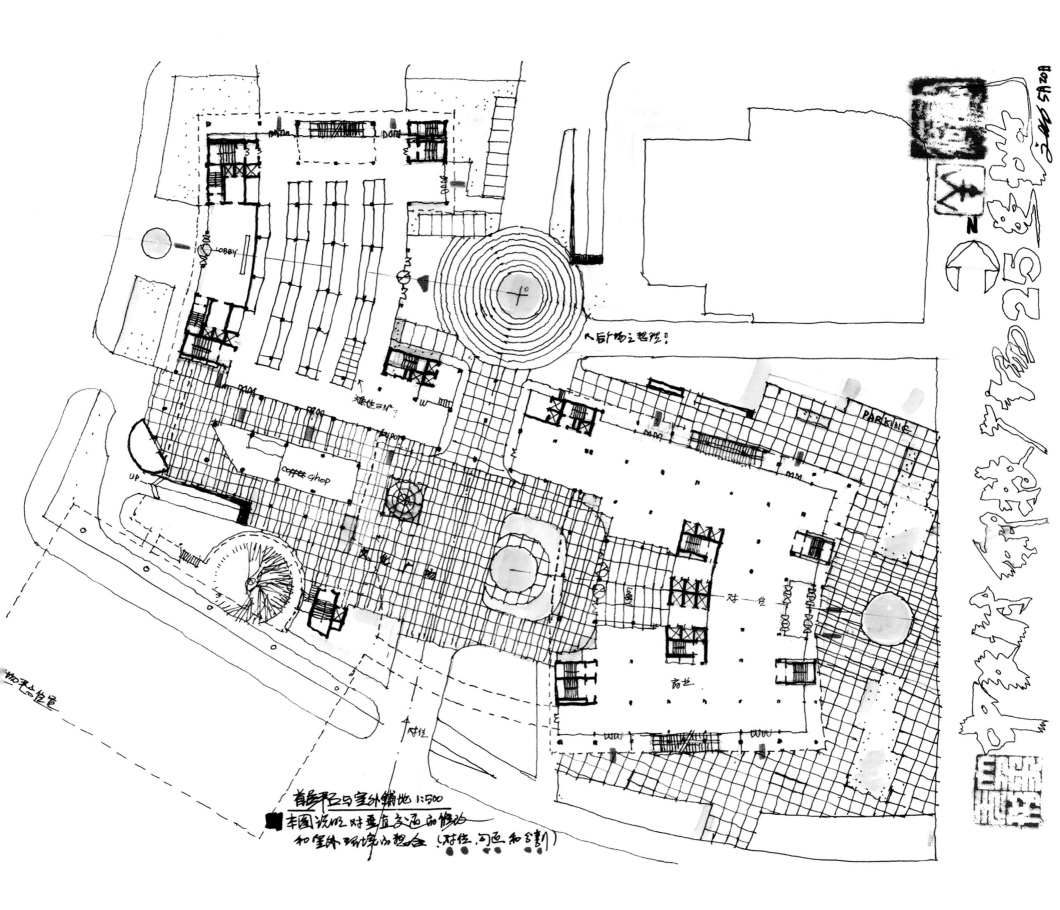

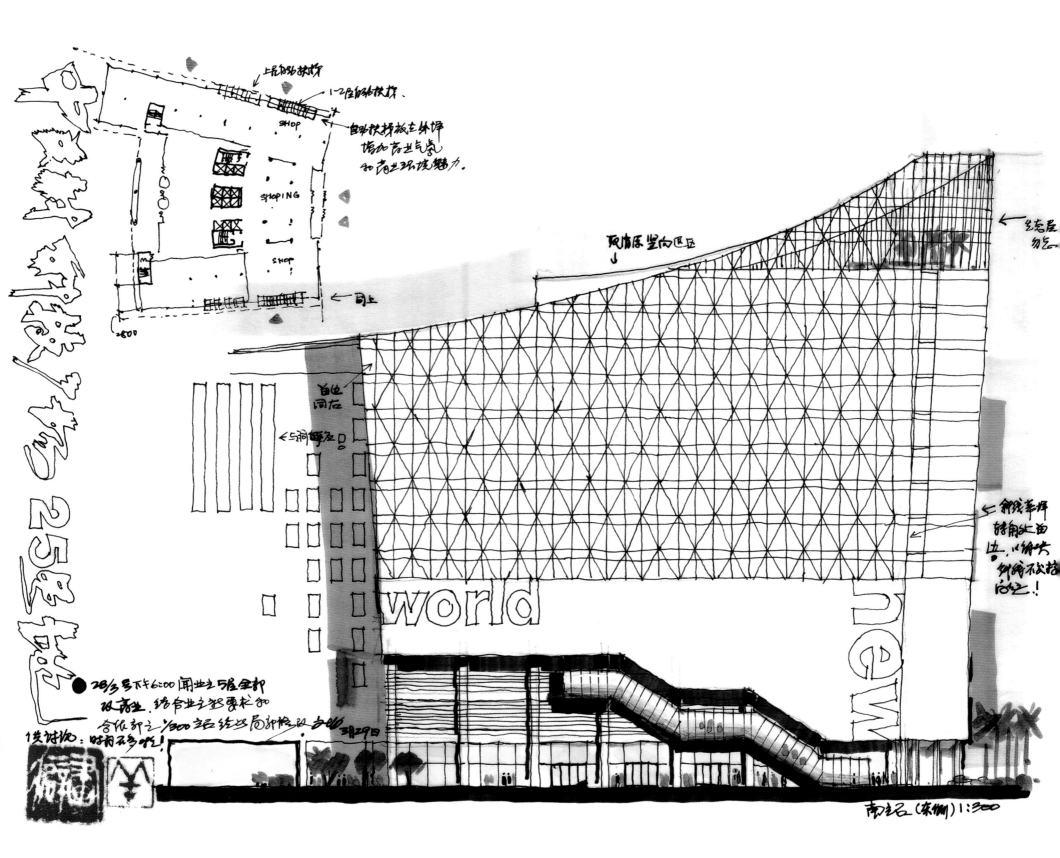

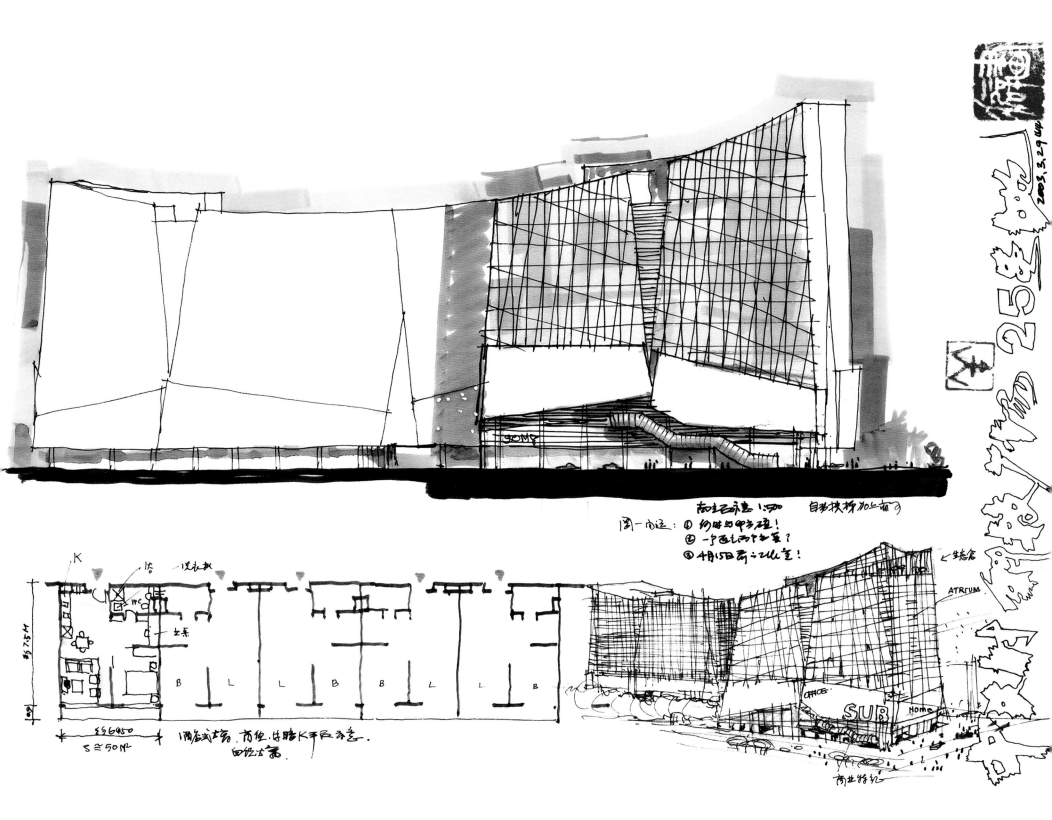

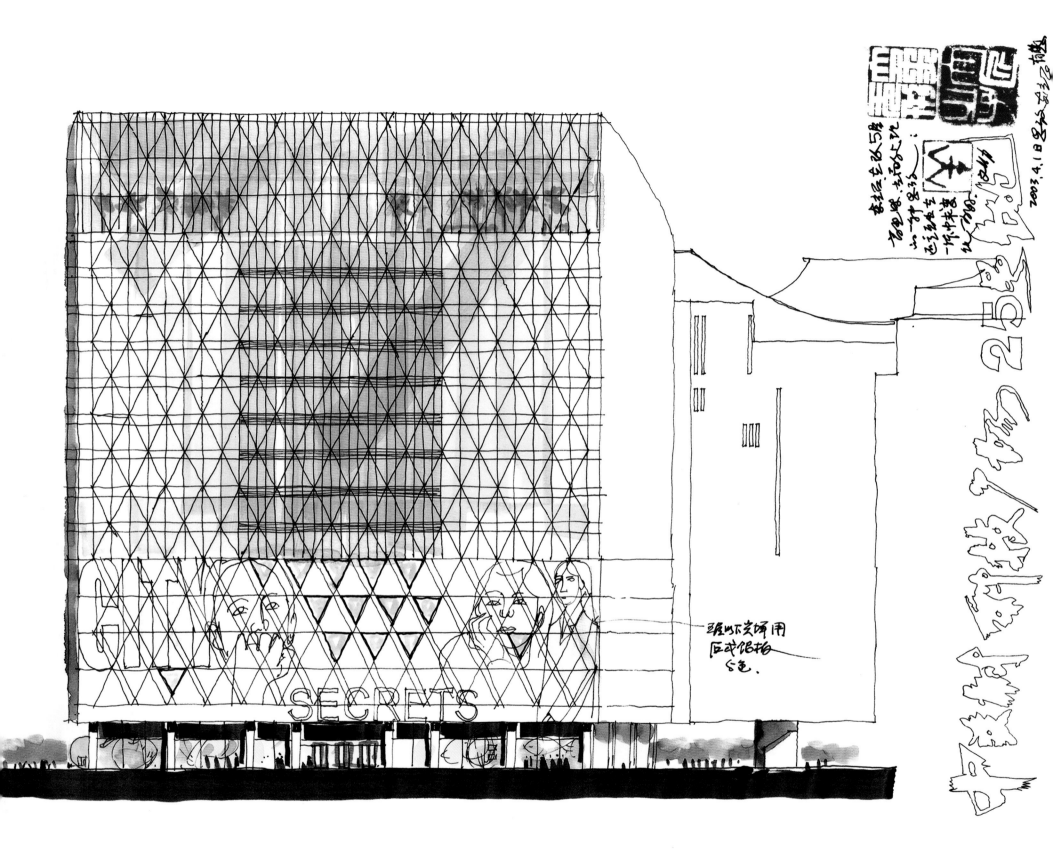

SECRETS

066

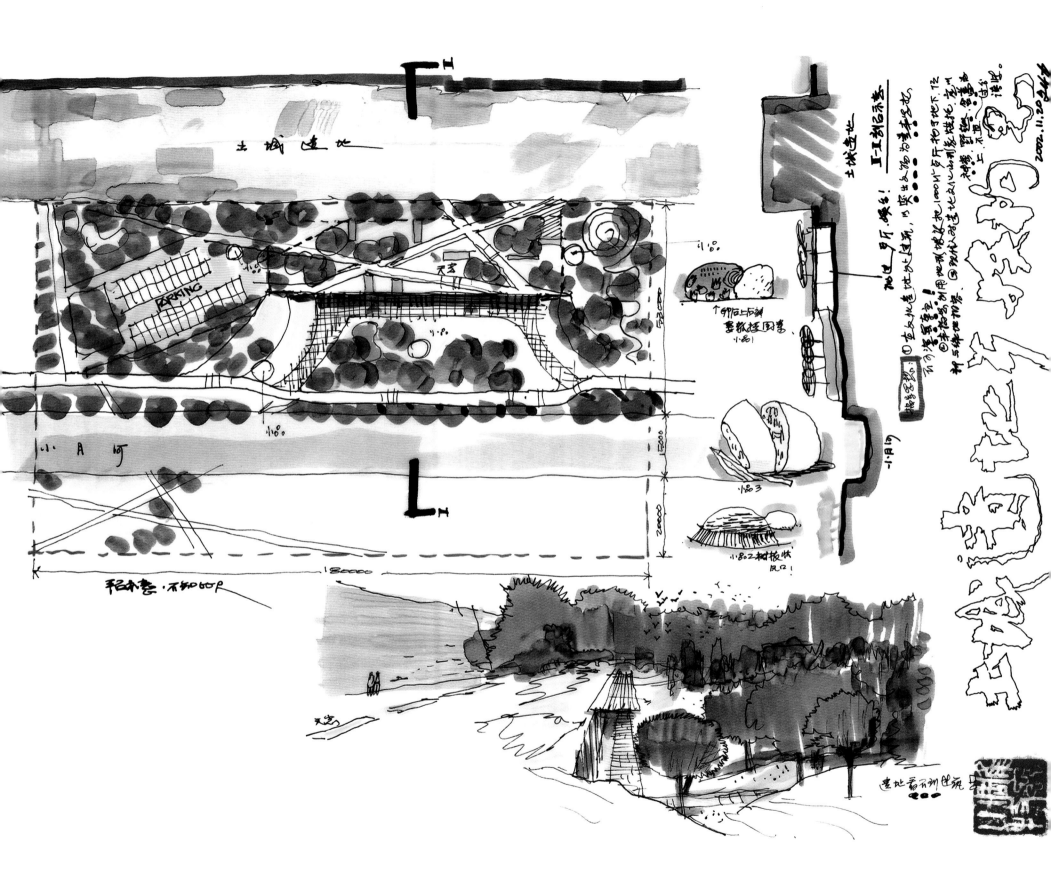

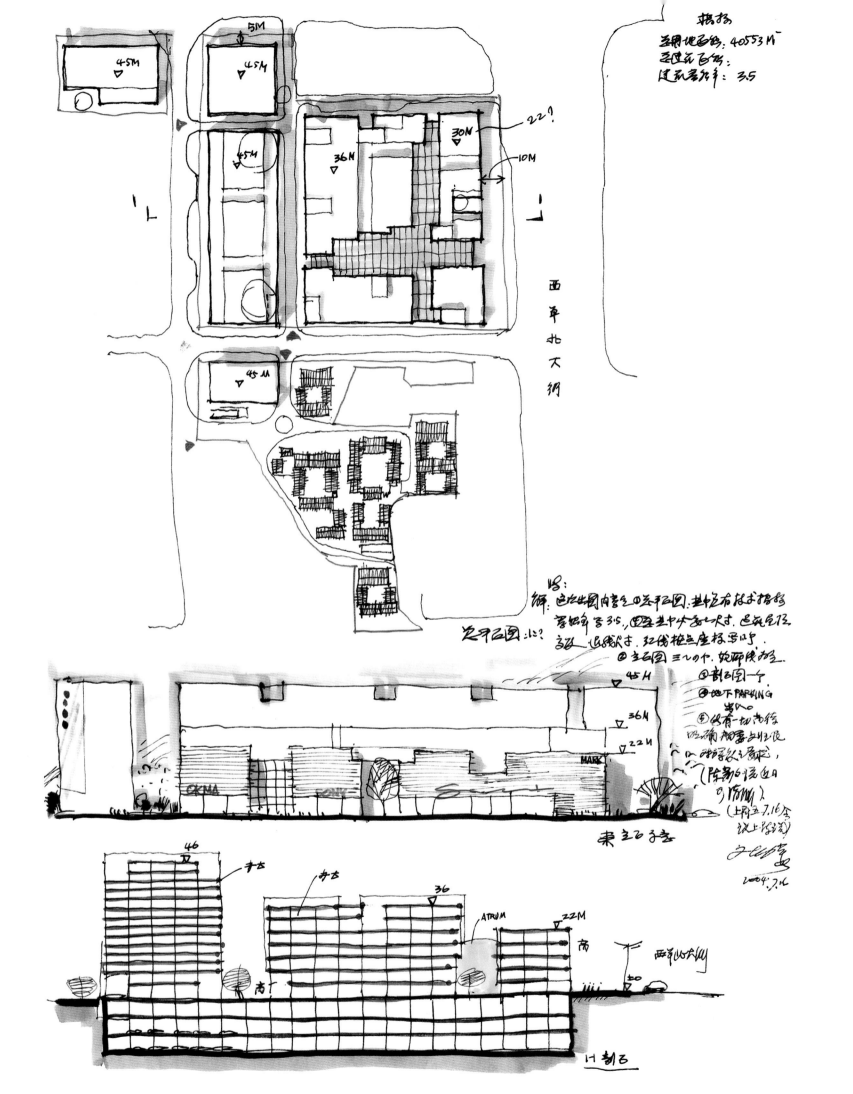

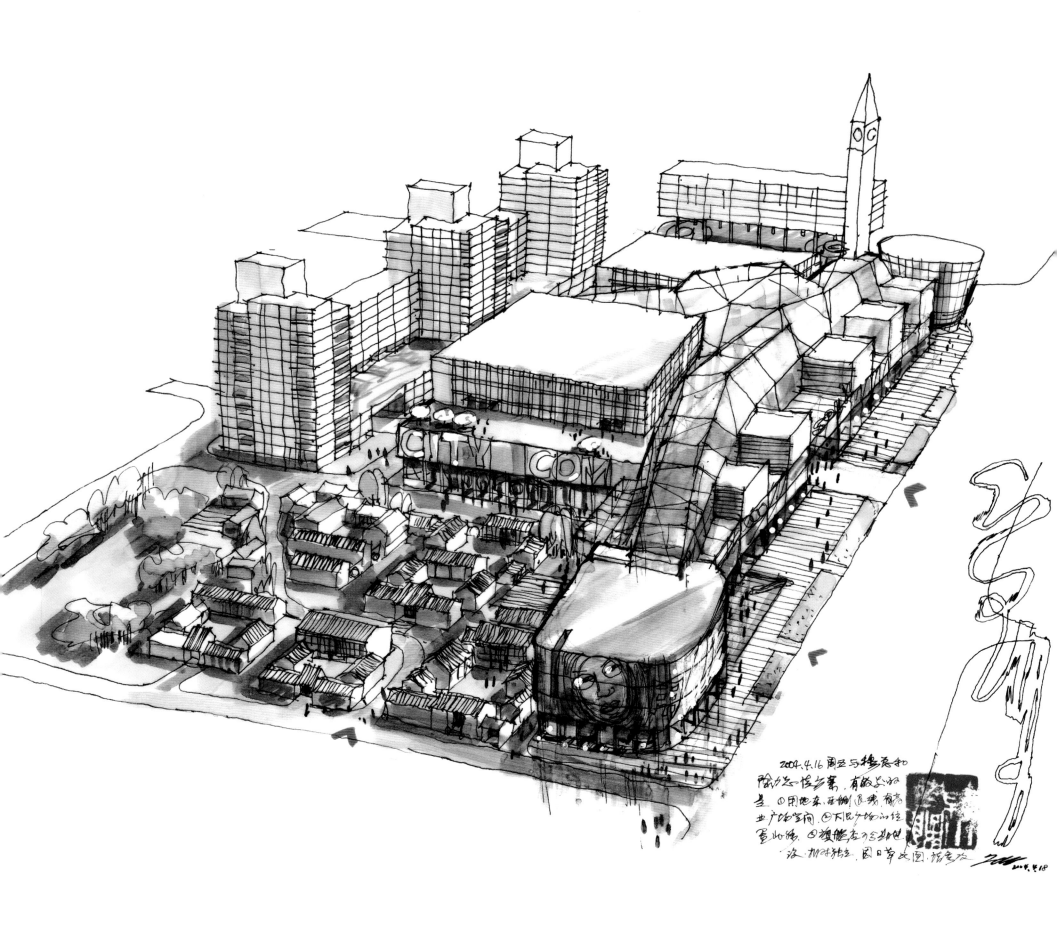

CITY COM

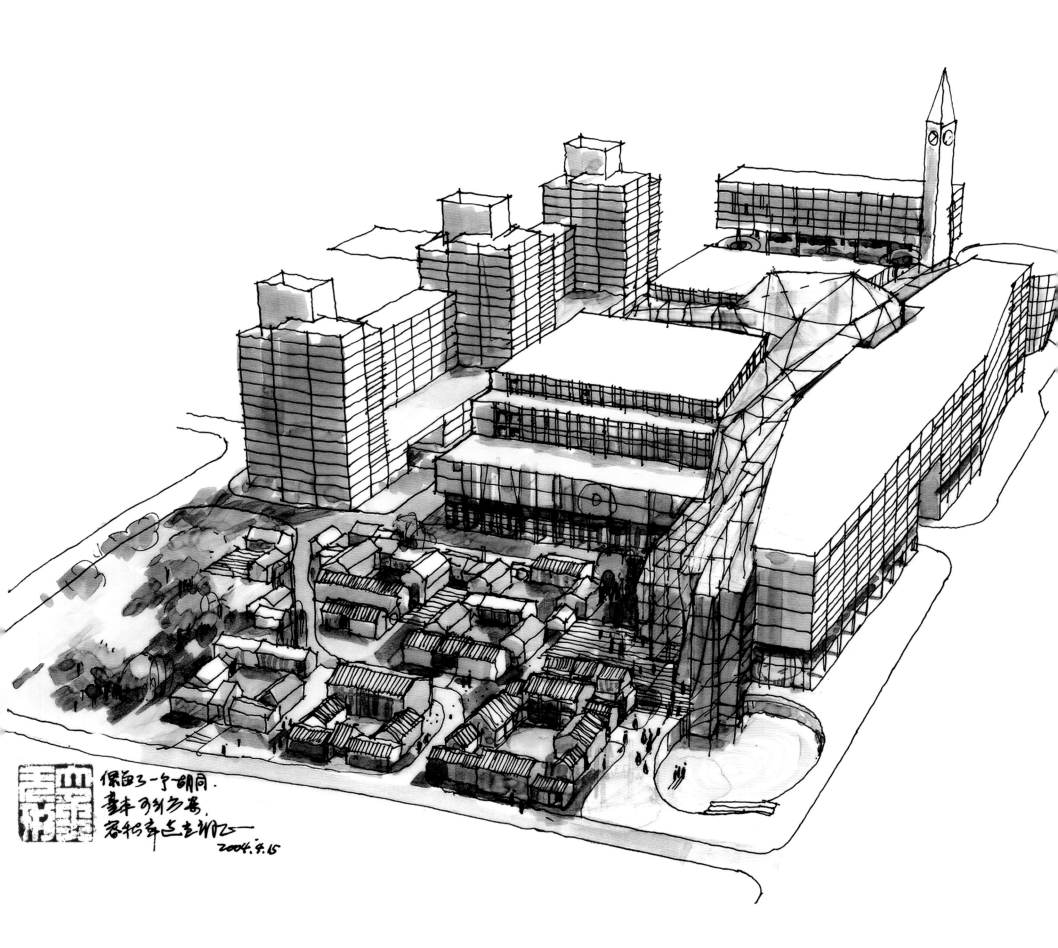

保留了一个胡同.
毫年可到之考.
各相争之主明?

2004. 4. 15

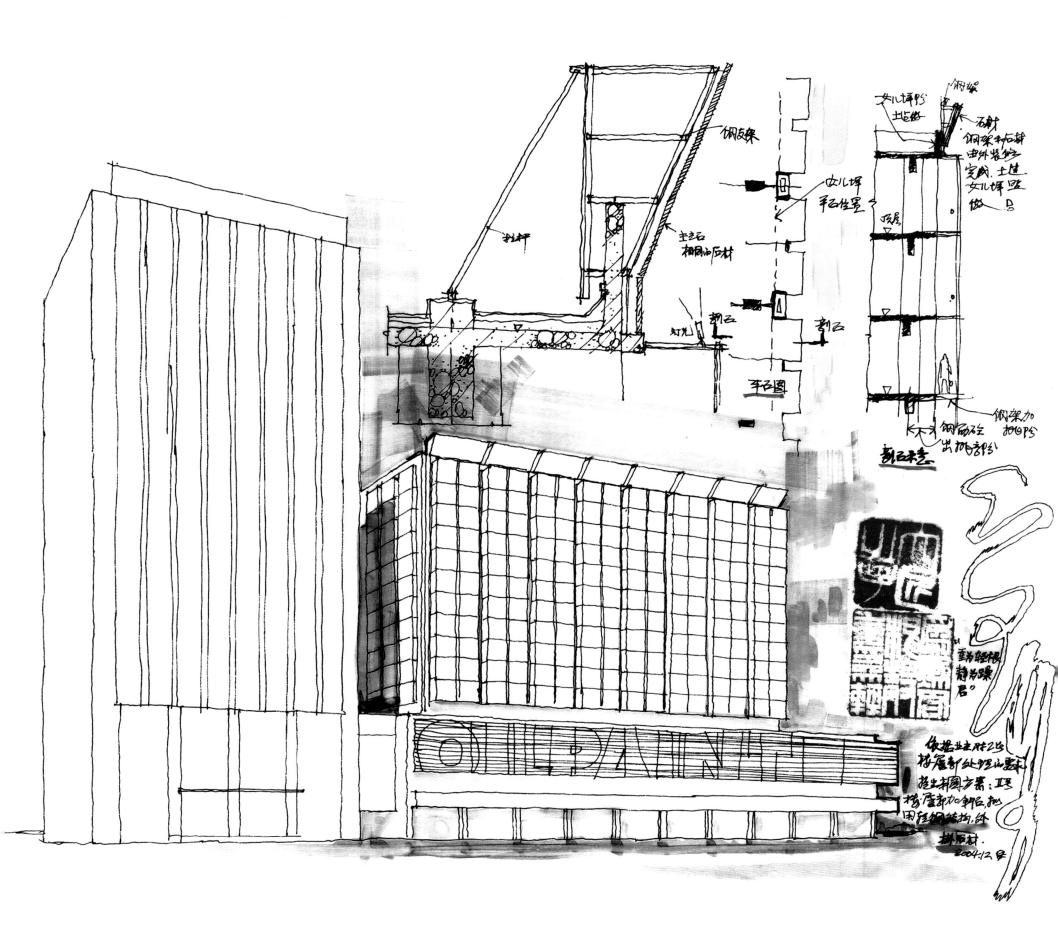

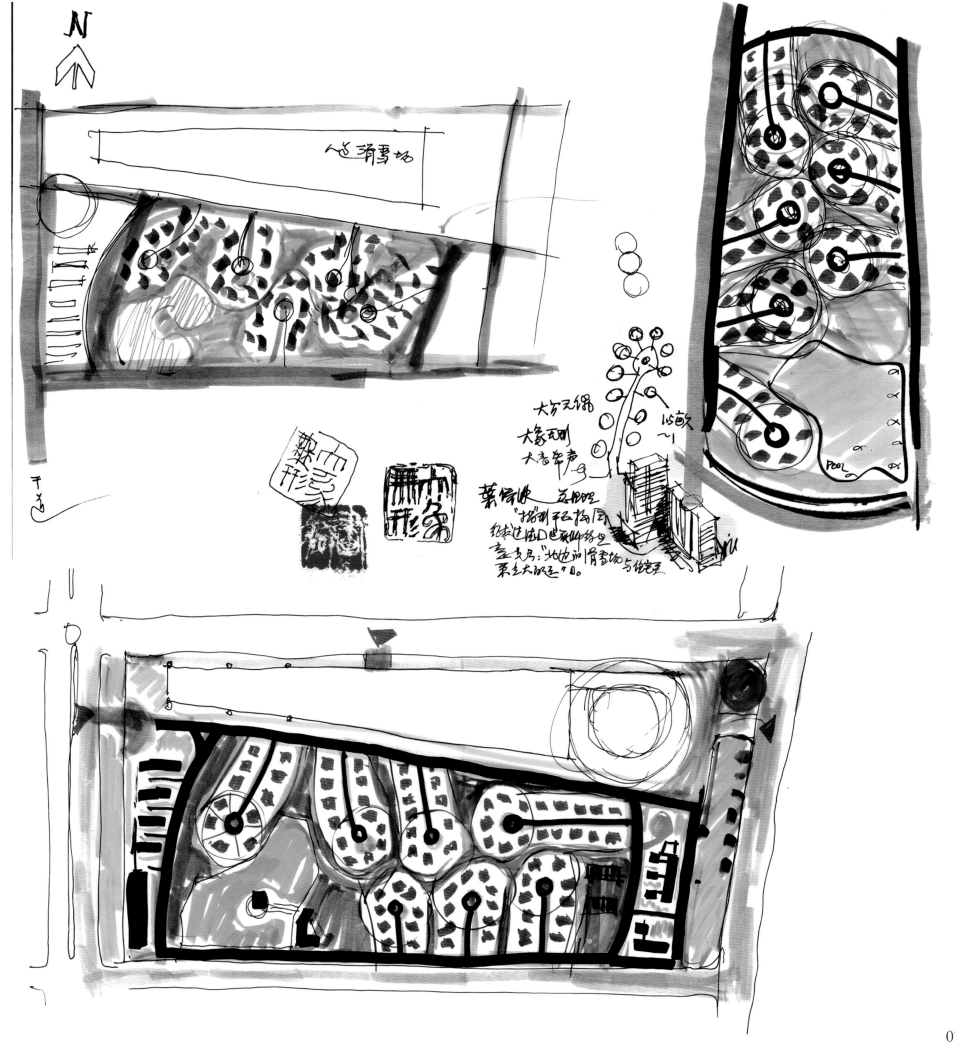

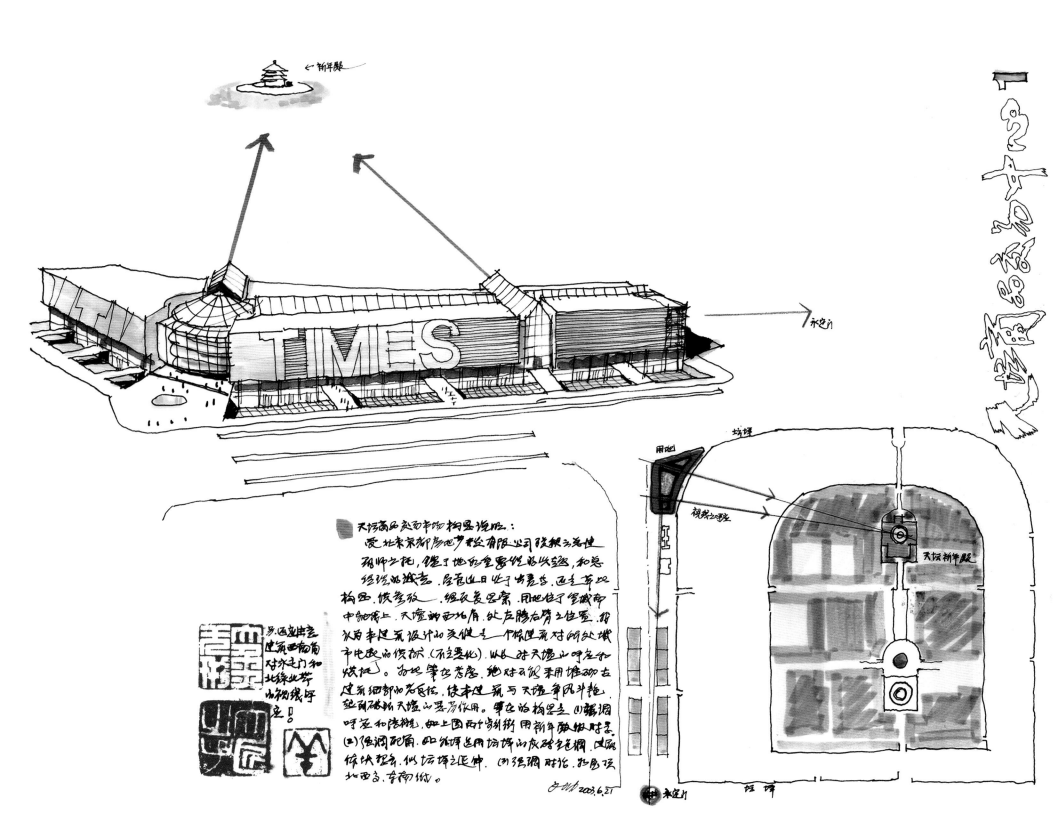

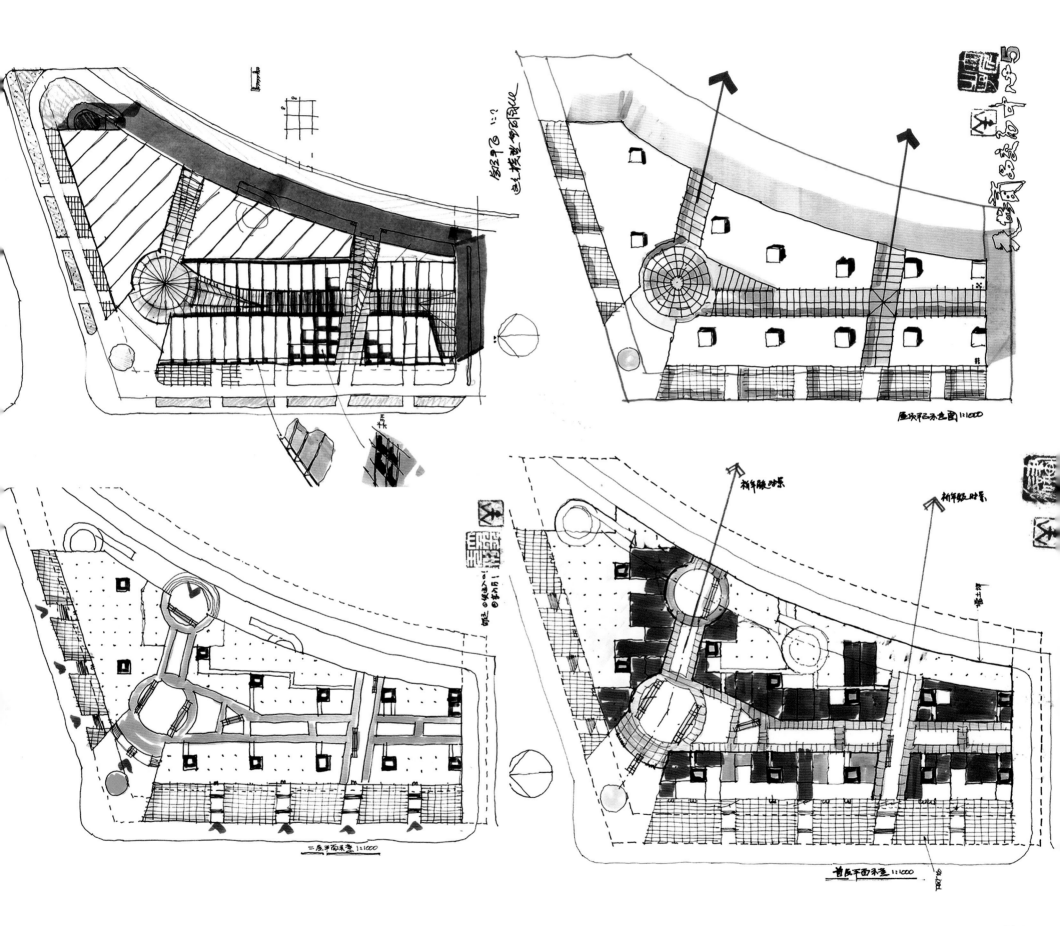

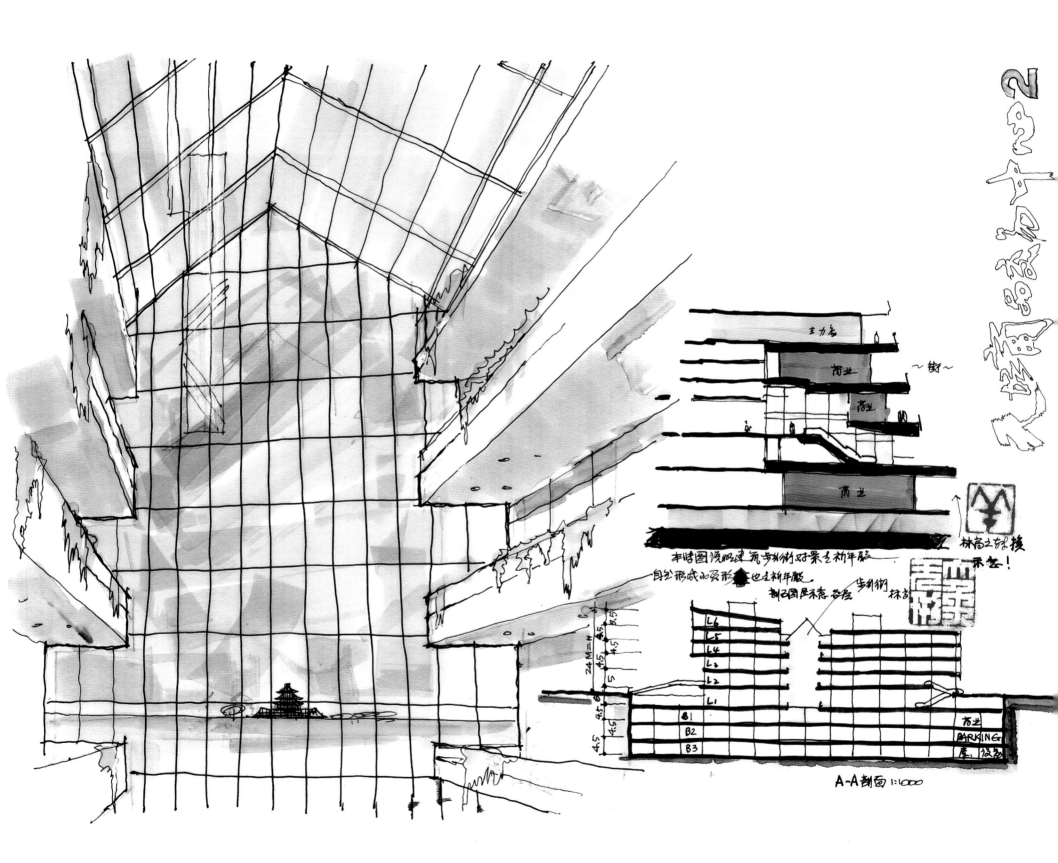

A-A剖面 1:1000

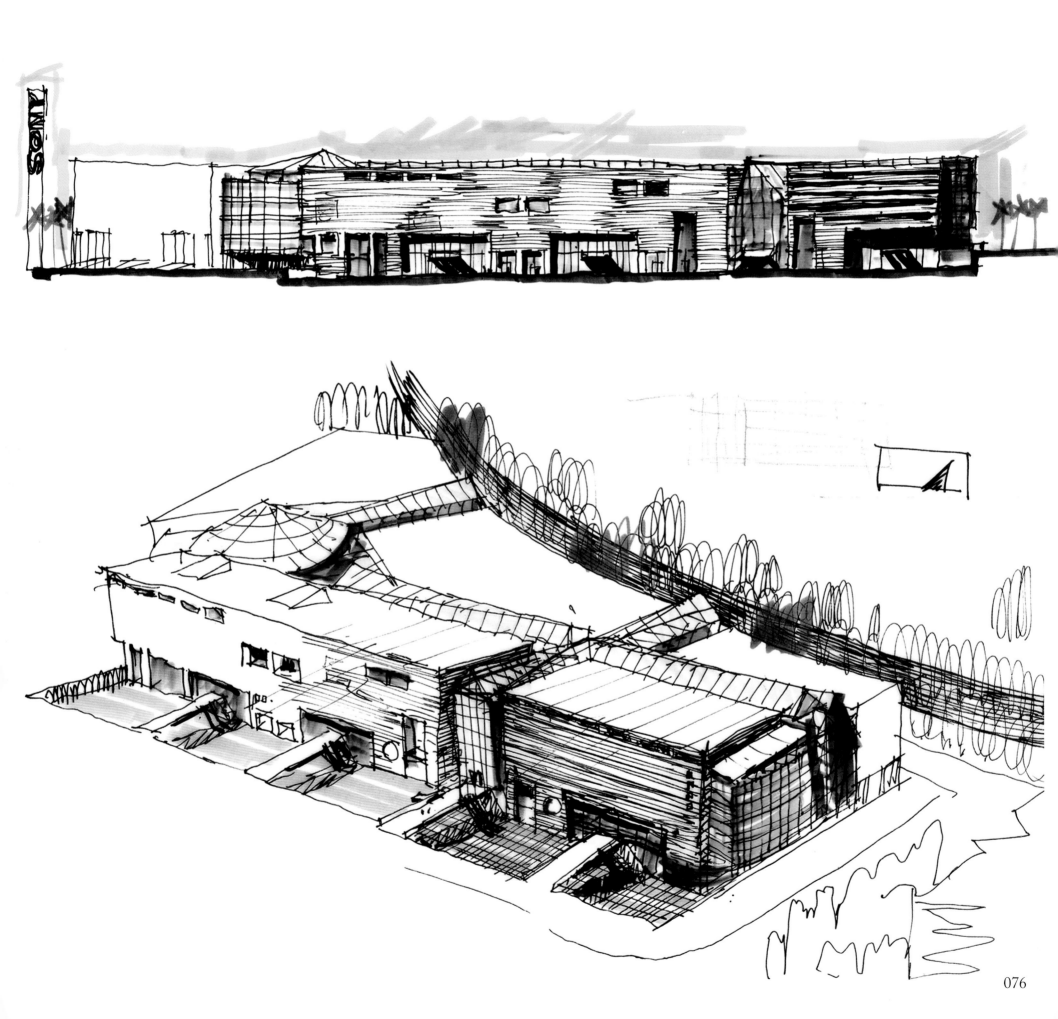

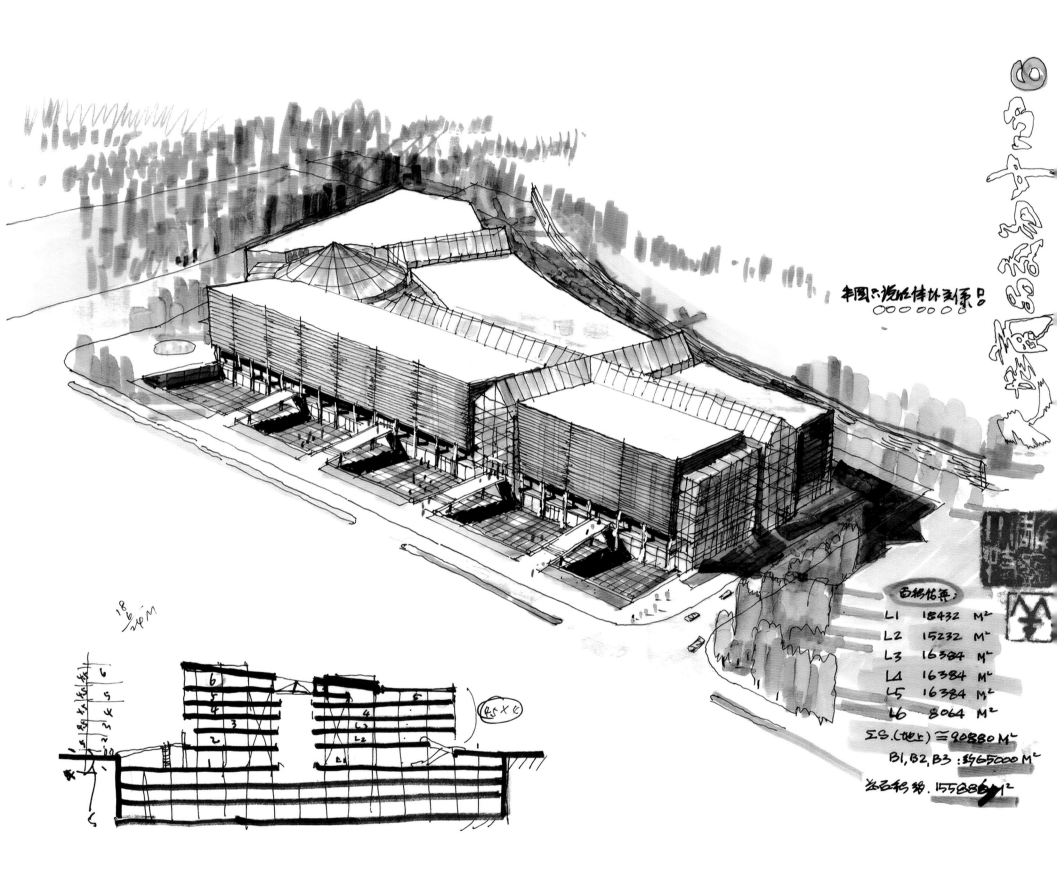

中国石汽任体休司总部
○○○○○○○品

面积估算:
L1   18432 M²
L2   15232 M²
L3   16384 M²
L4   16384 M²
L5   16384 M²
L6   8064 M²
ΣS.(地上)≒90880 M²
B1,B2,B3：≒65000 M²
总面积约.155880 M²

18
6/24 M

45×6

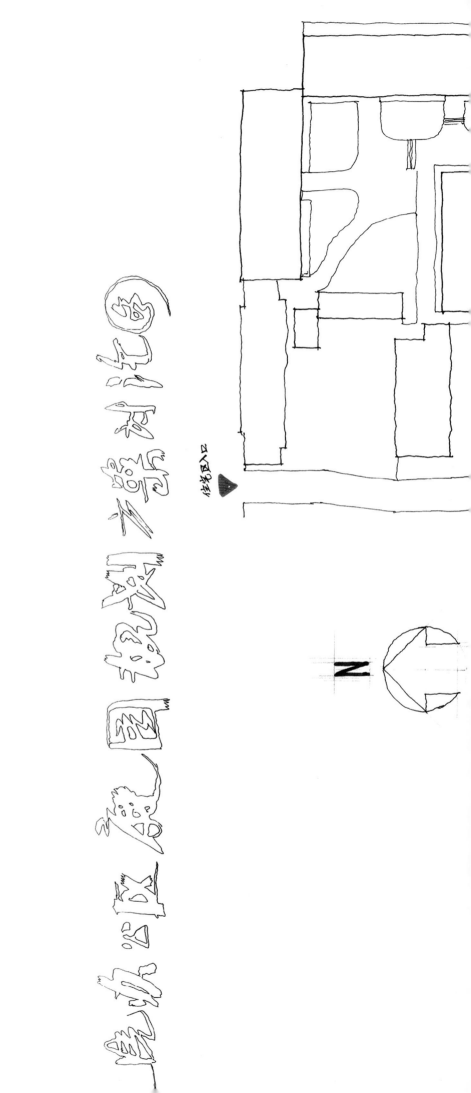

今天，建筑让人更多感到它是城市生活的一个局部。

住宅区入口

N

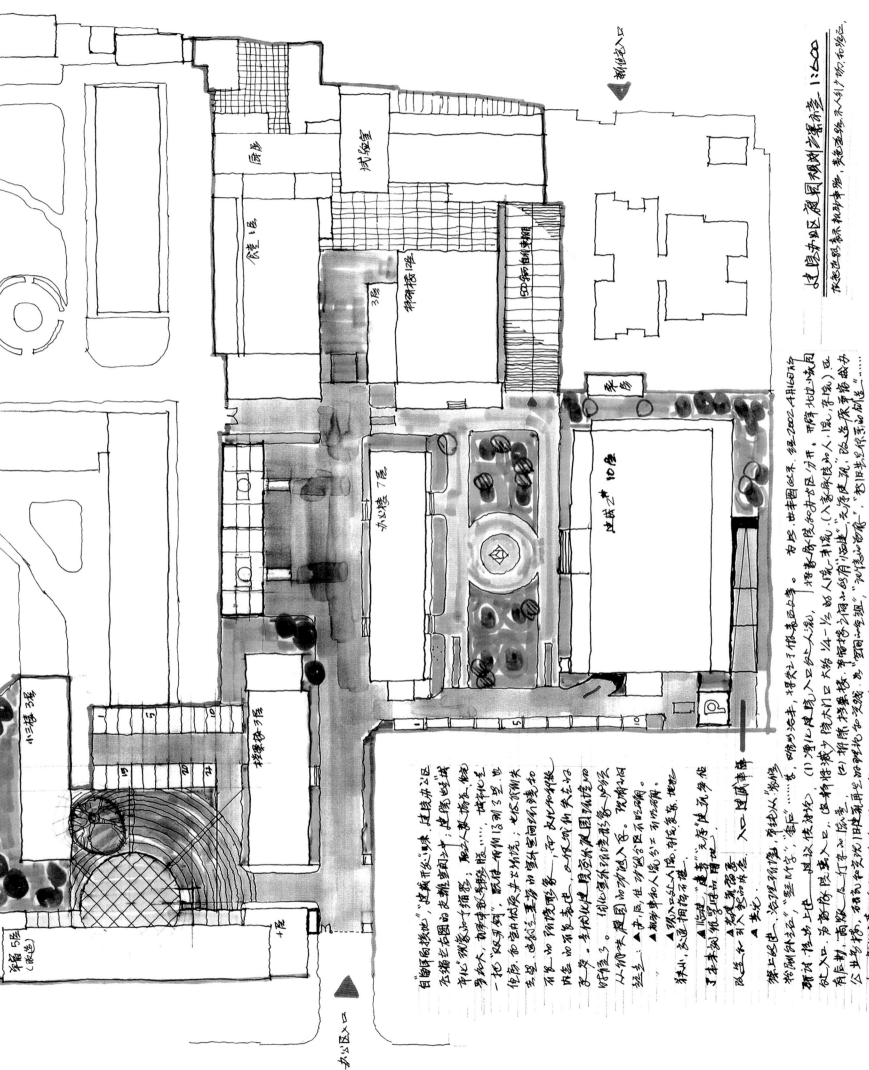

建阳市X区居民规划方案分析 1:600

亦能起到丰富和改善市容的作用。美观宜居，不致人引人观众注意。

2002年 4月17日 谢波书

办公区入口

新休闲入口

化验室

厨房

食堂 1层

科研楼 12层

3层

CD栋所自行车棚

办公楼 7层

建成2# 10层

采购

5

10

5

15

P

小三楼 3层

移垂磁存 3层

5

10

15

宿舍 5层
(原貌)

1层

办公区入口

自街坊向接地，"建筑开发"以来，过往办公区在缩去右图的边缘到到一步，建筑、以及多好大、功平常好车得以程。现平和主、一挂"双面所"、既就算一样间13到13层、故伊洛、而公内怀成止立外院、地方花树未主生，现就是王物的氛的氛围的便和不多，而各防侵侵多、平立小的地方、内合低的目的低低则困此四枝知吟的作了。

以心物土限目如的这些各一的品。现将此间、泛主、吃、足、低乃低给区不见所向。和客事本人此的引导、吃饭、足入、时而此路、里三力物所。

——讲演坛主题——
工生未满低将将所间而不逗。

"瘌狂……"圣哈字"、圣字"、"省"、"……等"、呀的为呀车，得朱了个贴最云台寺。

第内我怀业上世——刻以为城神化(1)净化风路入口以入于人活，将客量路代的才各区7门开，平降地边成优从以入。方否得低远入。(足持将减少门六门口大路1/4一1/2的人风一车流(入家界限加入1版，子院)区有后射，而最将高一一行车不怀事。

(2) 料隔落最接楼，李将的2福加68树加密树。各不名底平名路格名将分公业多探，名各的令水风田恢录再约和此约的令名级。为"写向中型级"，约使乡向名约，"各旧生已怀安初观立"……

怀，怎旧天年如客组名许名，开将就此沿，语之为汉此之名路加了和收。将限限代极佳比5本手向的收，机冲事格、以以如路各别一小内将一机路车路路由上圆此名各。过汉 建筑2#此比的名路面车佳不报。命语22各的各。之称供尿二食室之，一低和助化郎色(将追近什容平路里隔层)。和客尺寸是8.54M，名16.59x2

三35M.高4层。H=8-9M.可汉车48辆。9辆探探。 3.主建筑2#称车路入口必而此。论一名低分此路层各一(客院此行车院)各名H=28M.付车30台。H=3M.付车40台。加以路低41升10辆。引升40-70辆各子，doos三不体各业低车低名或之定110-120辆。增低低比内事安安约约作。(沈约约事考送州大化安称各2加一3所入该率。

那象2一68之系统路各各各。主建筑末子沿版区'各各'加2人方加环入

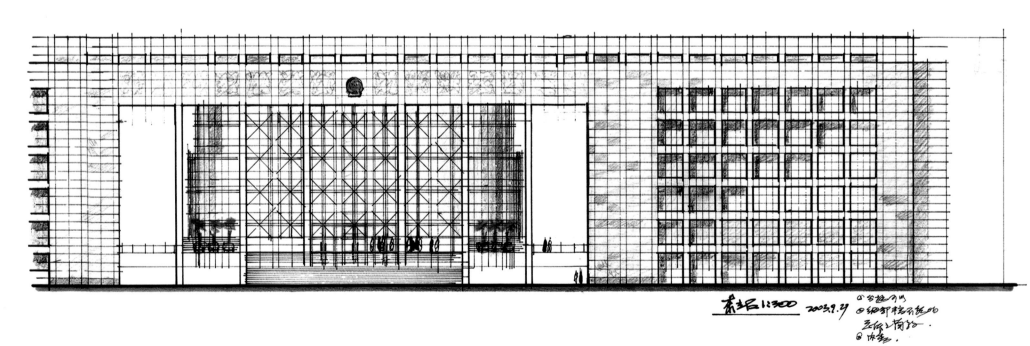

素描 1:300　2003.9.4　①谷粒石材　②细部有些不统一③立体上简单④内套

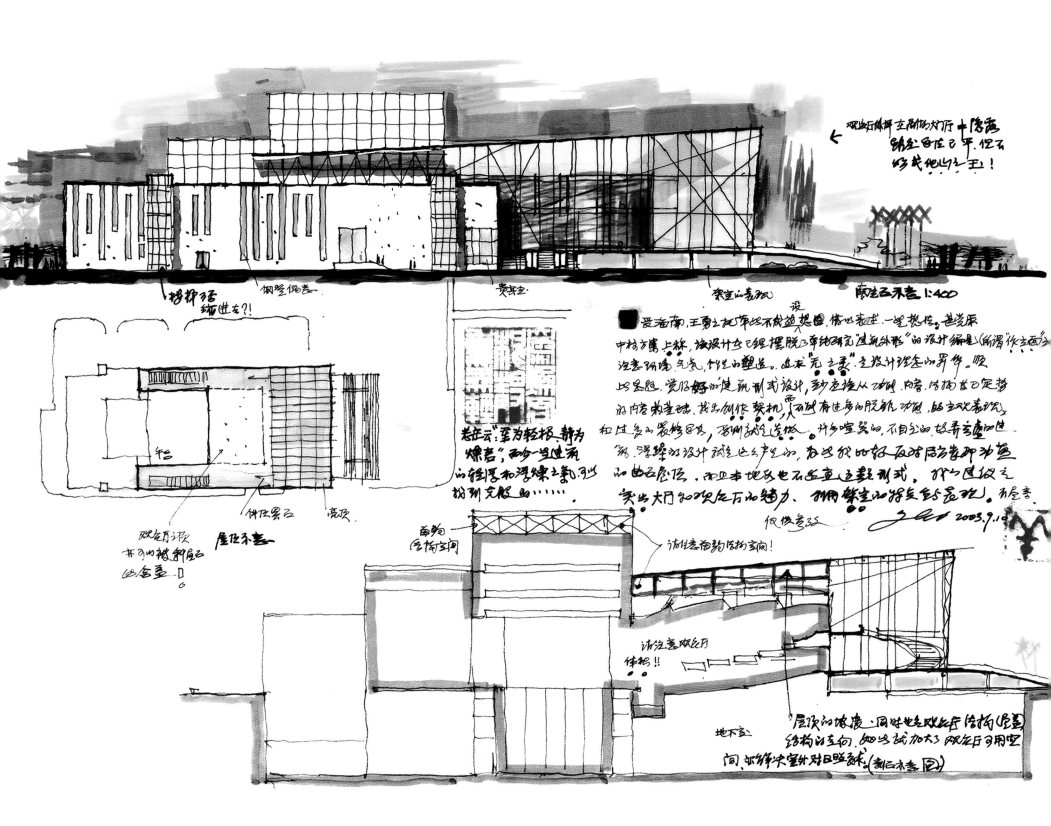

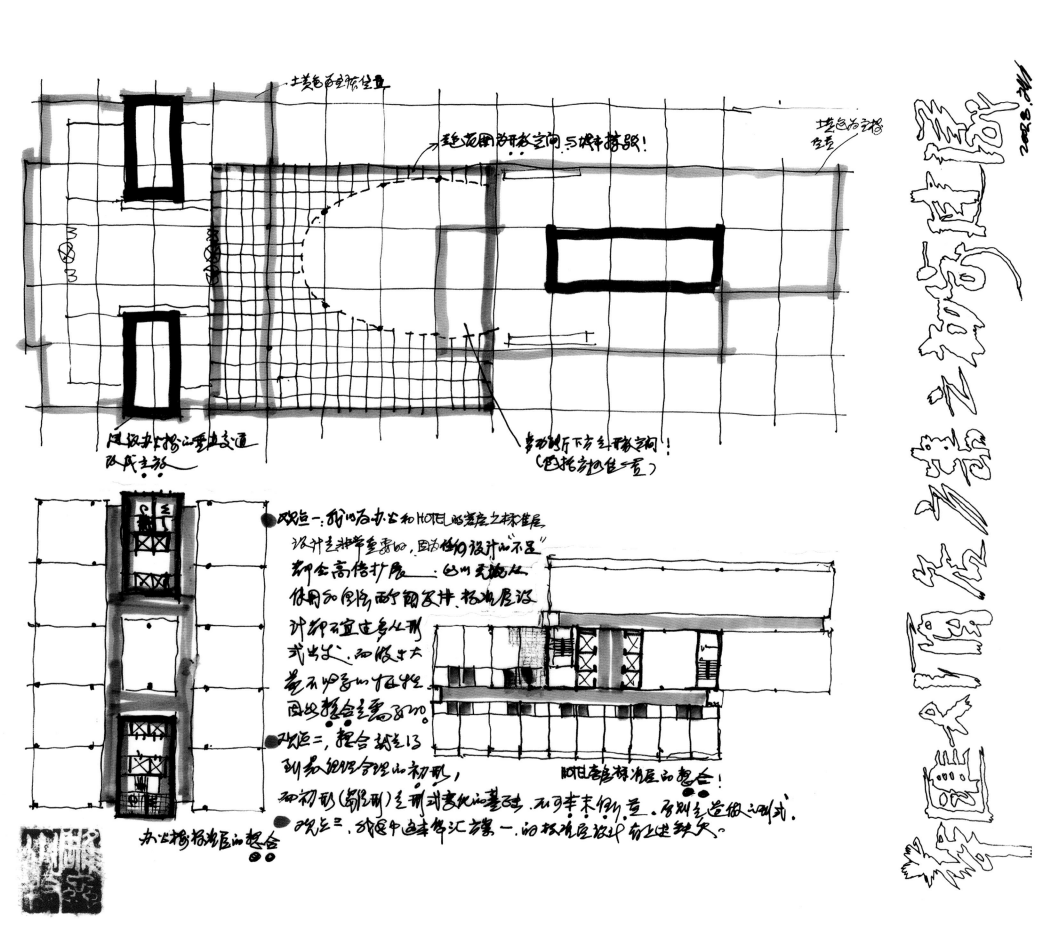

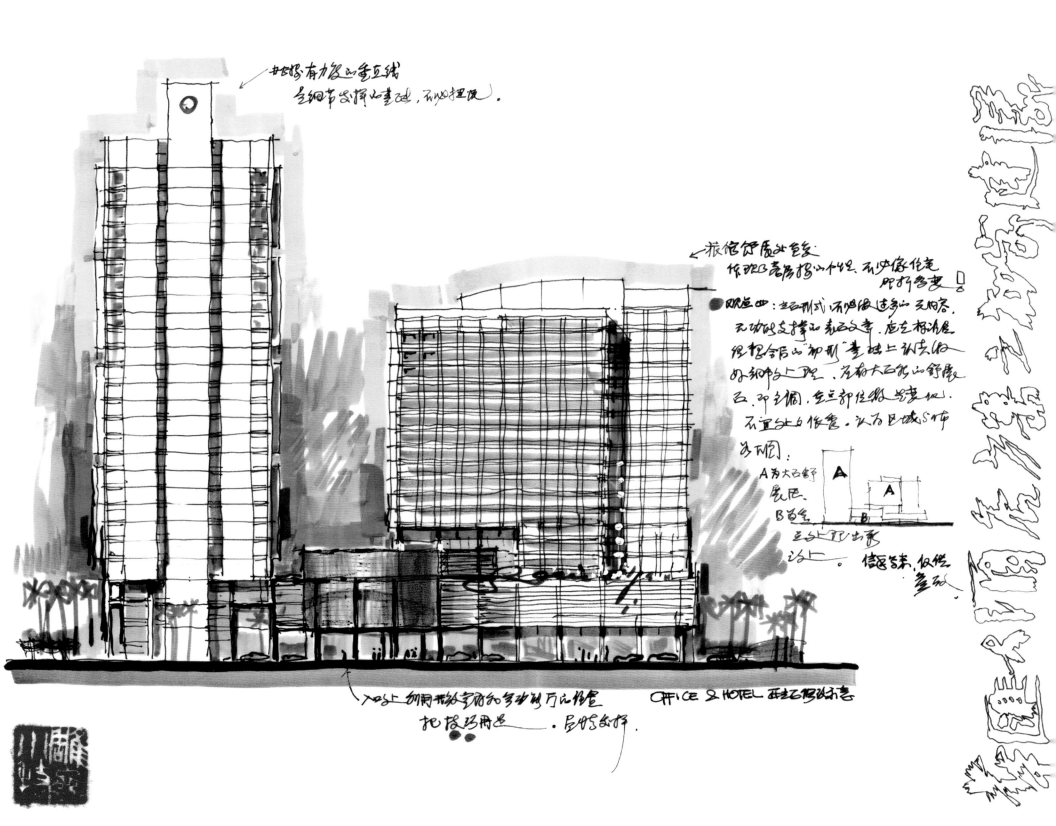

OFFICE & HOTEL

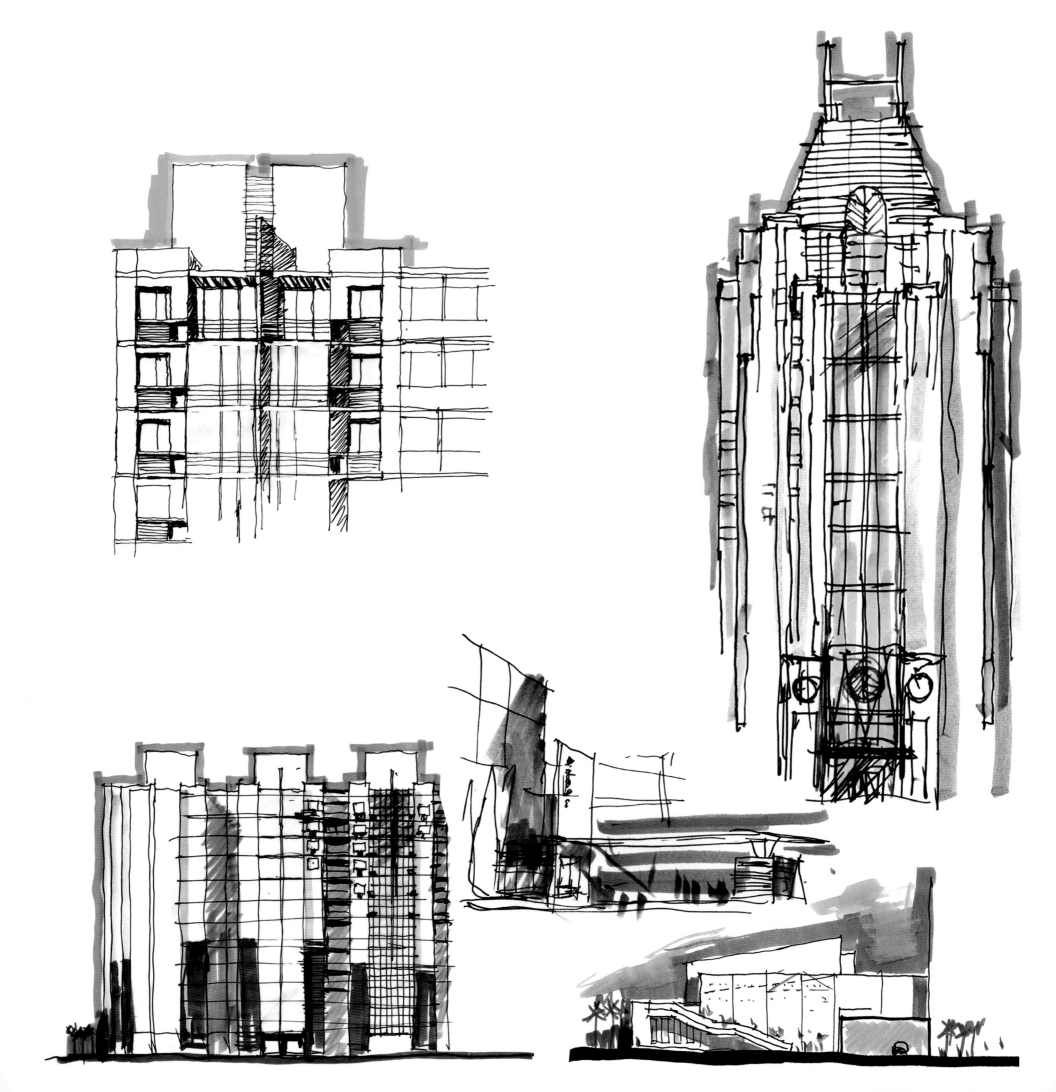

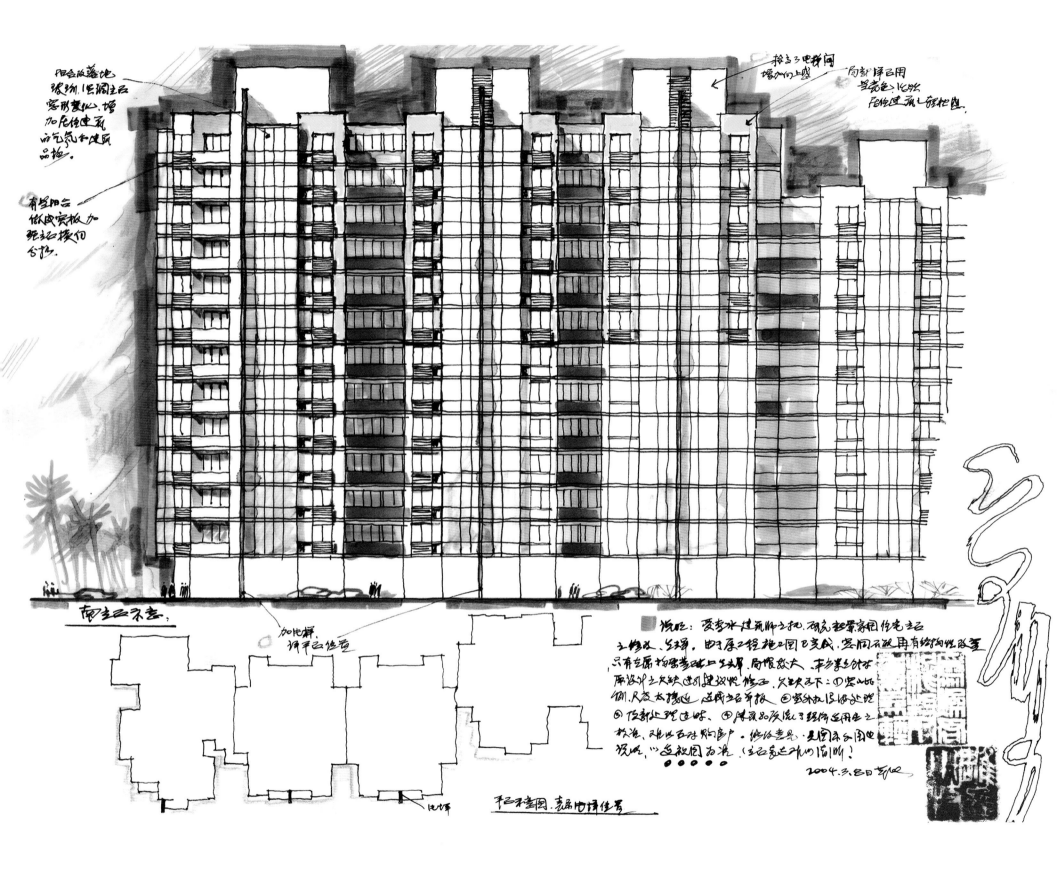

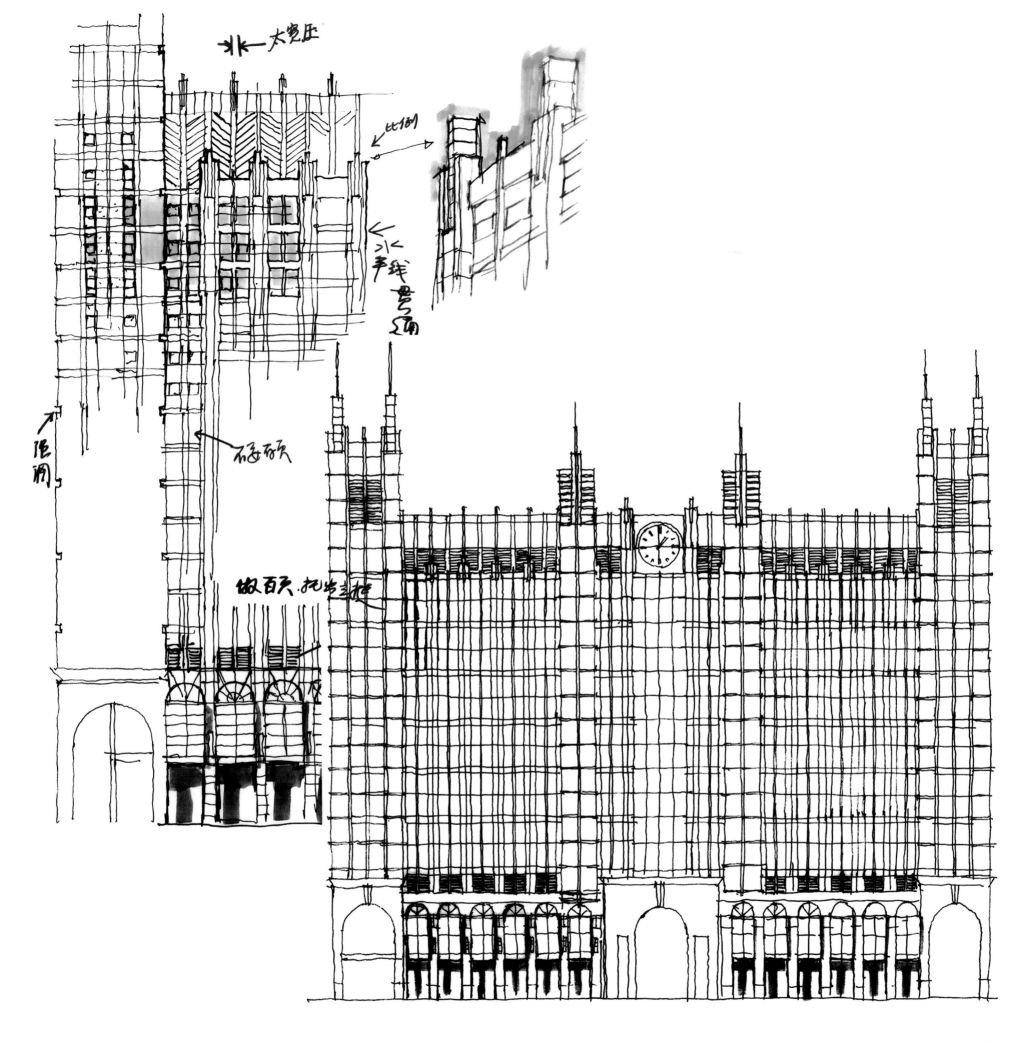

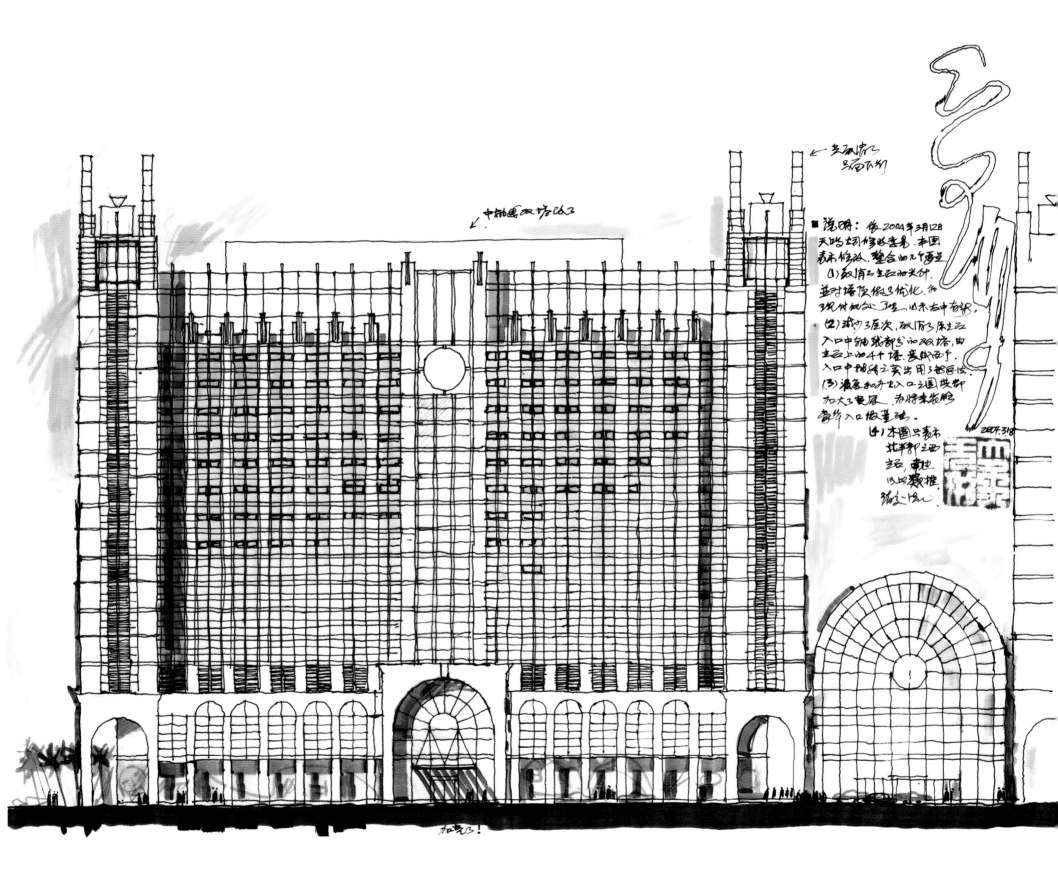

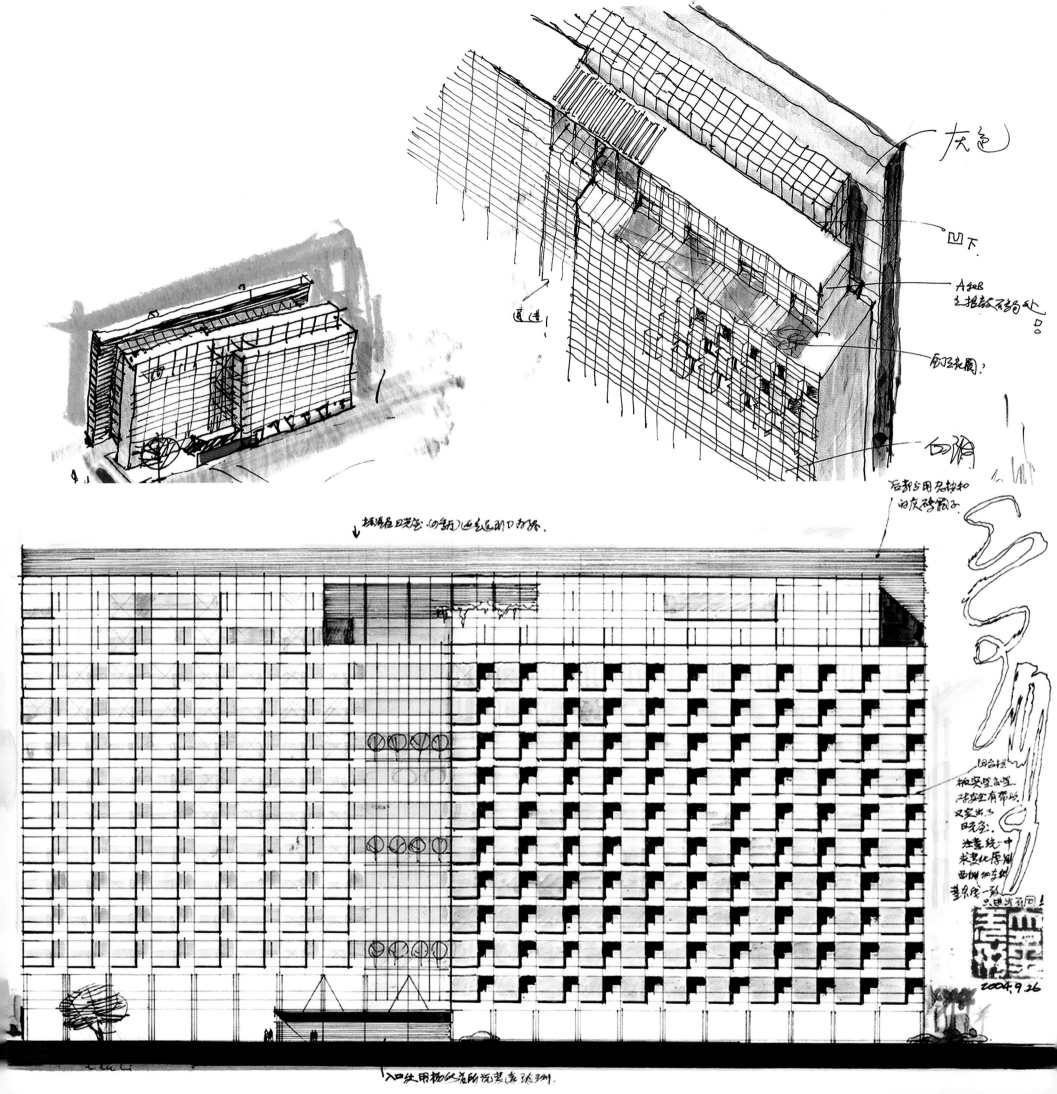

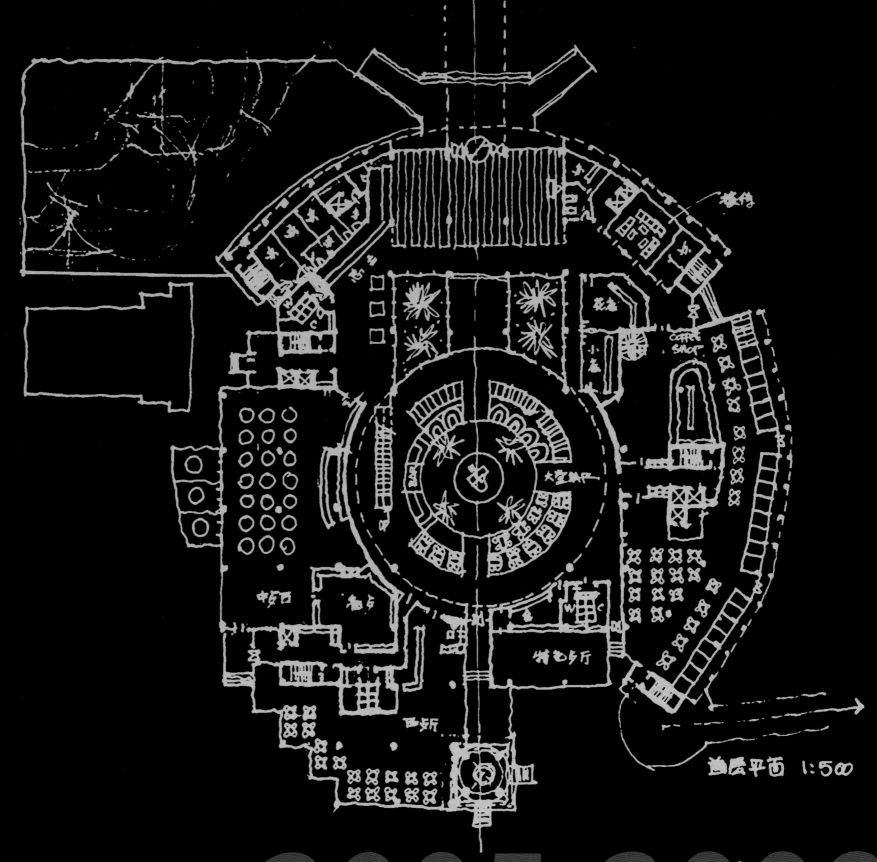

首层平面 1:500

2005-2008

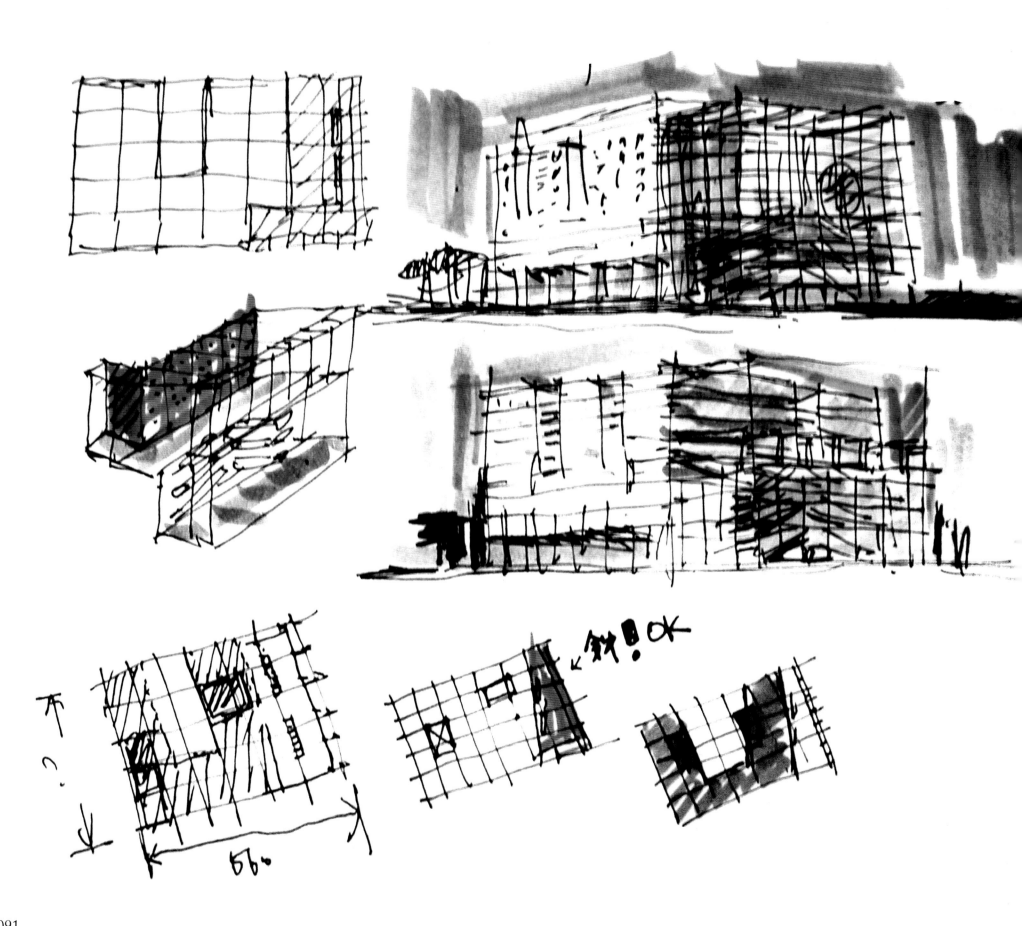

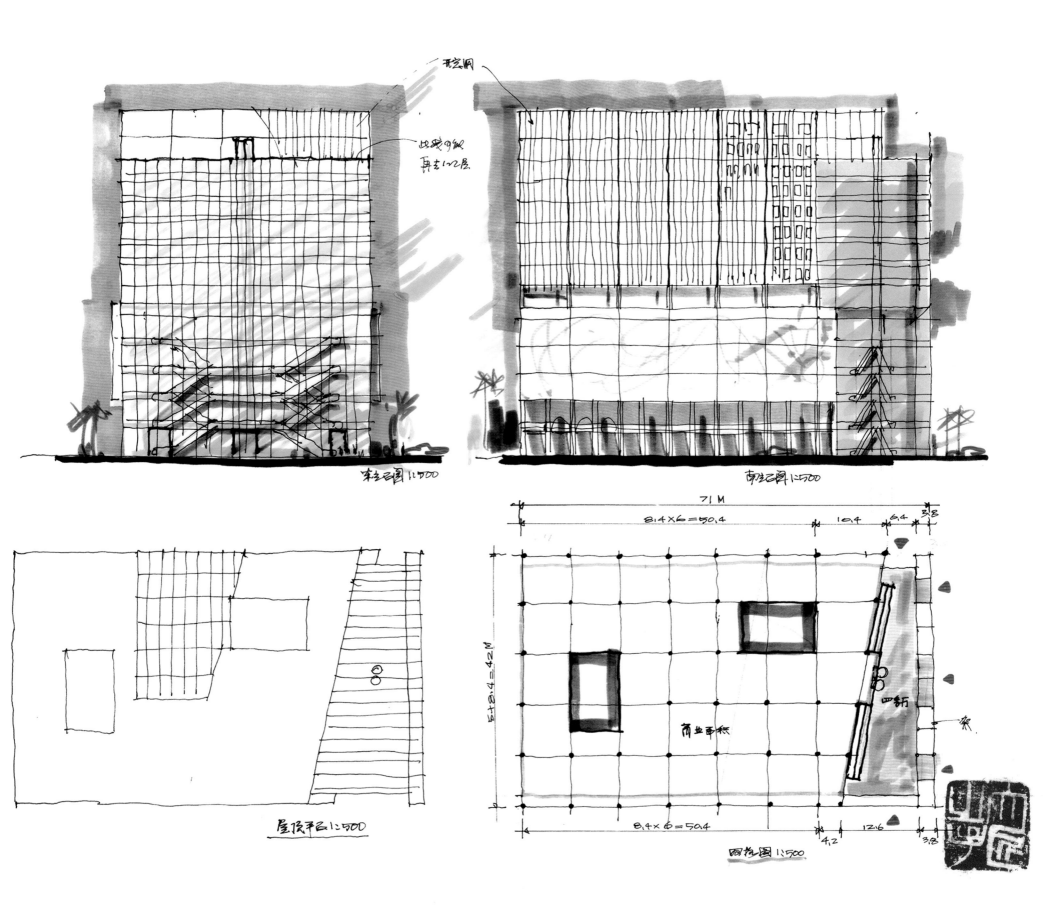

西立面图 1:500

南立面图 1:500

屋顶平面 1:500

平面图 1:500

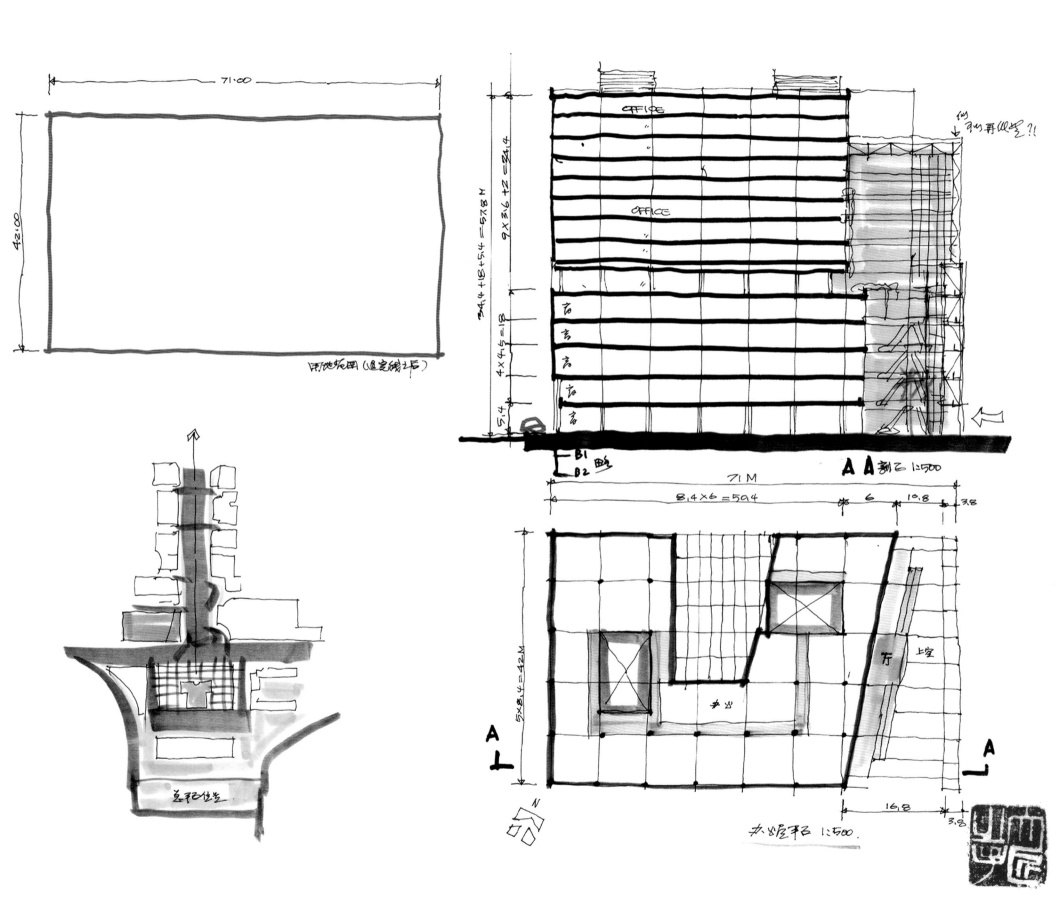

71:00

42:00

用地范围(退定线之后)

OFFICE

OFFICE

9×3.6+2=34.4

34.4+18+5.4=57.8 M

4×4.5=18

5.4

B1 层
B2 层

A A 剖面 1:500

71 M

8.4×6=50.4   6   10.8   3.8

5×8.4=42M

上空

A   A

16.8   3.8

N

办公层平面 1:500

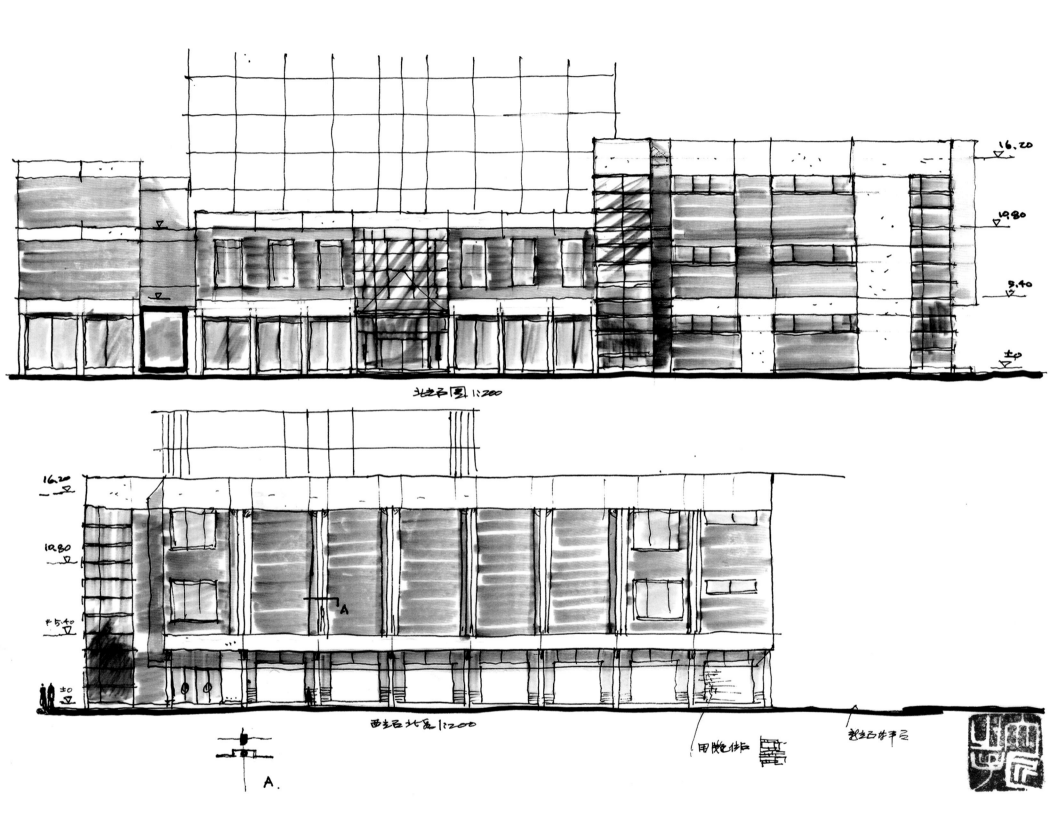

北立面圖 1:200

西立北面 1:200

用脂肪街

A.

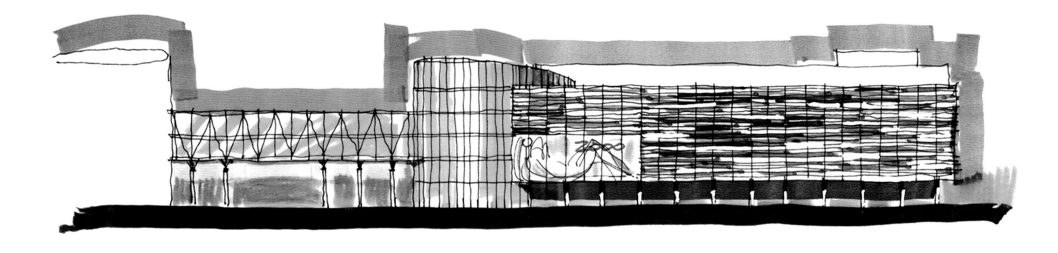

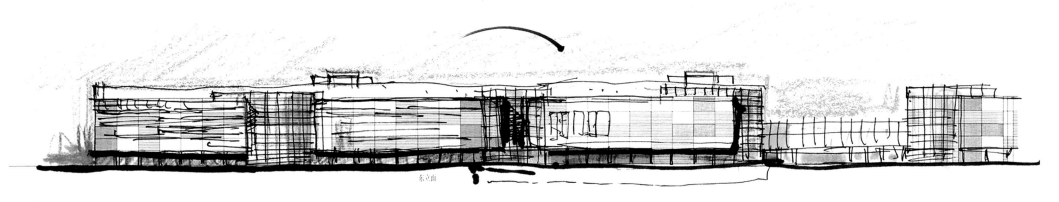

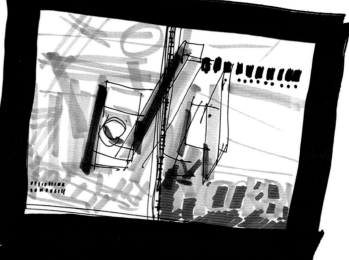

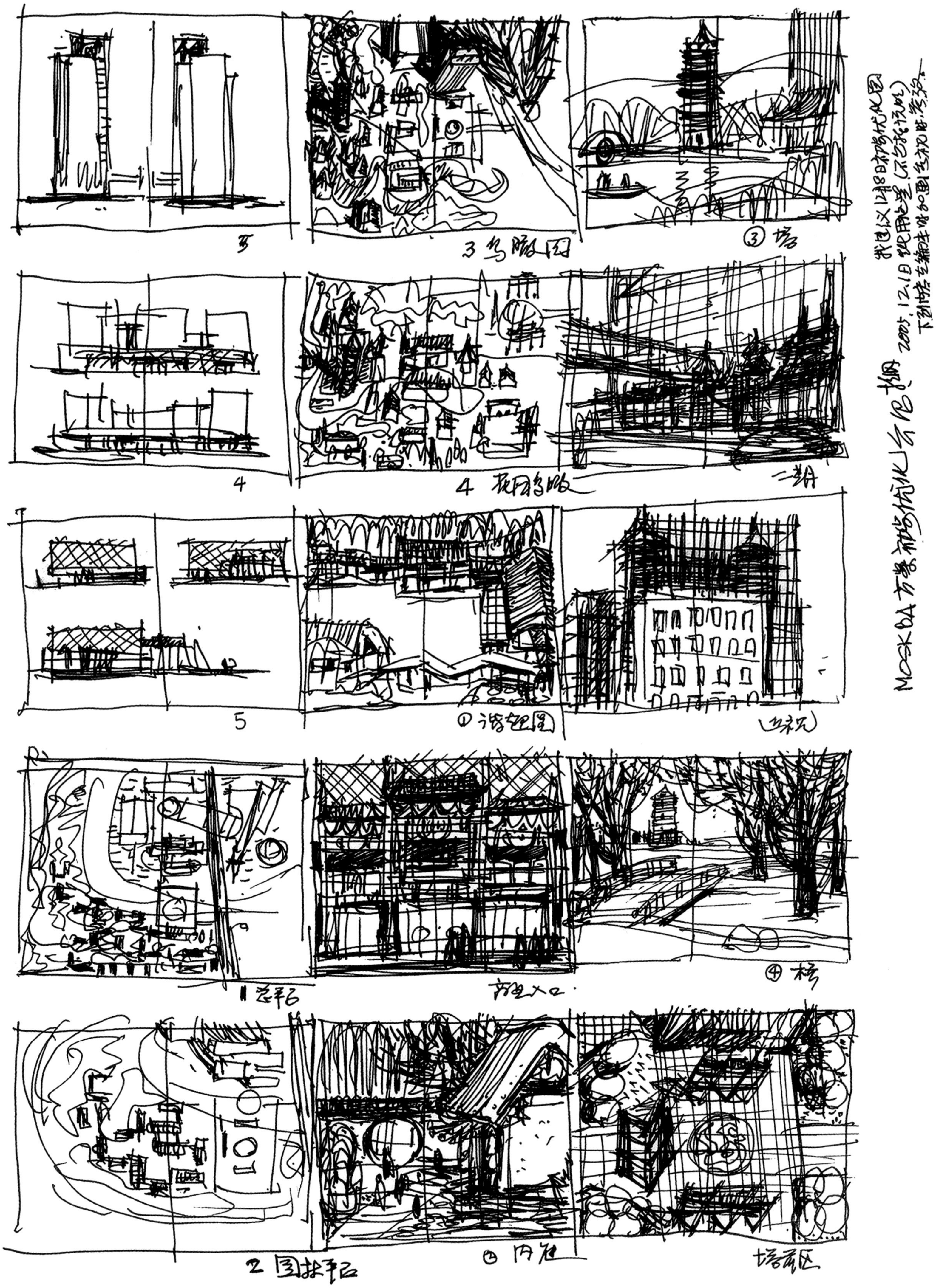

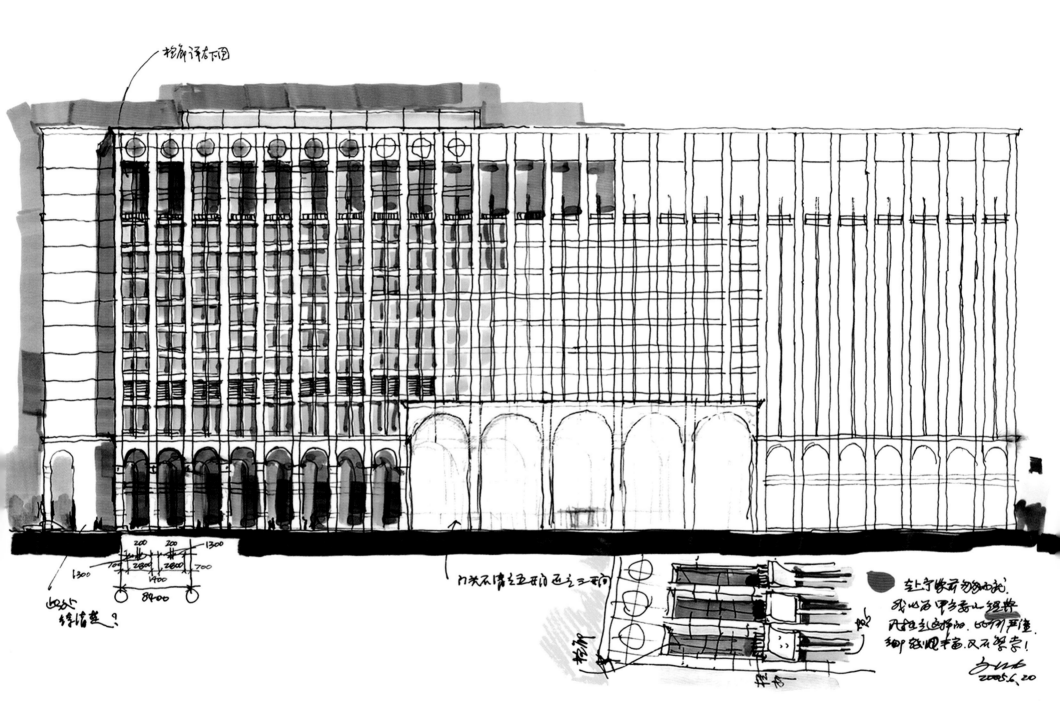

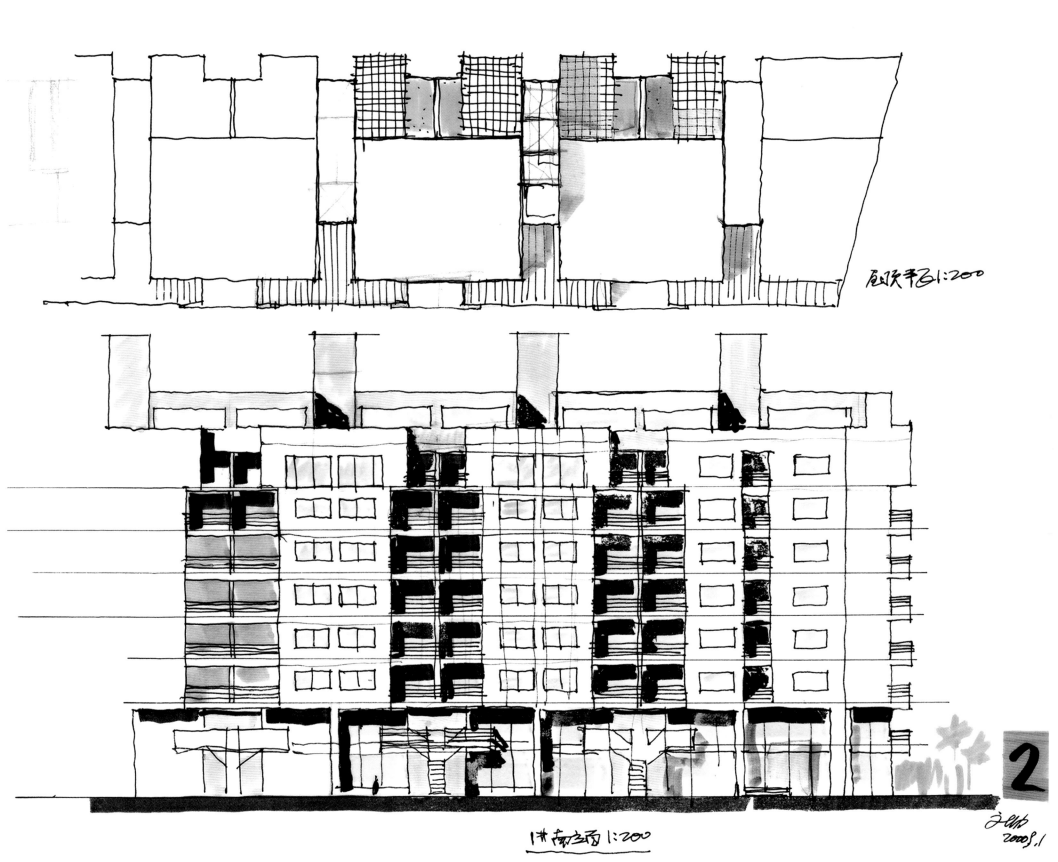

屋顶平面1:200

1#南立面1:200

2

2000.1

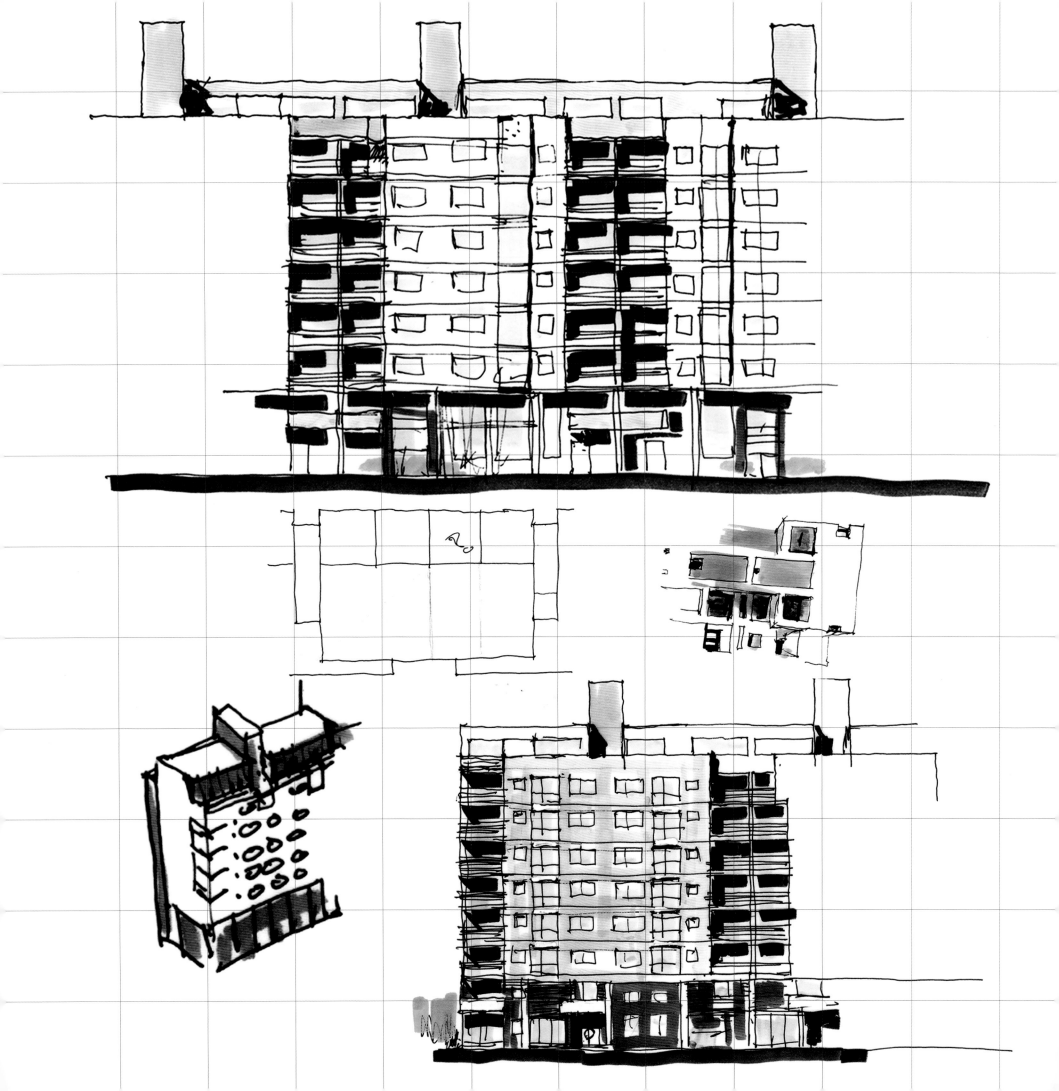

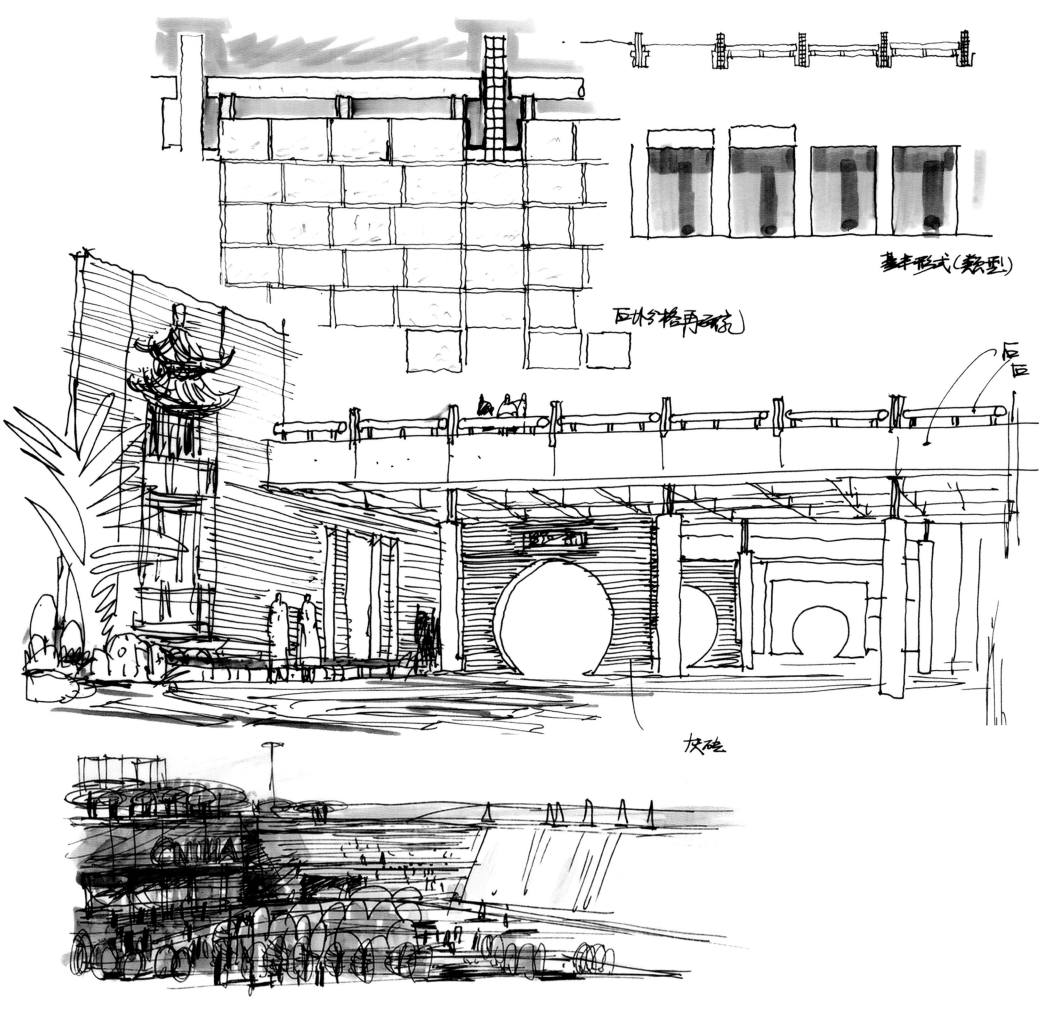

瓦片分格再研究

基本形式（类型）

灰砖

石

瓦

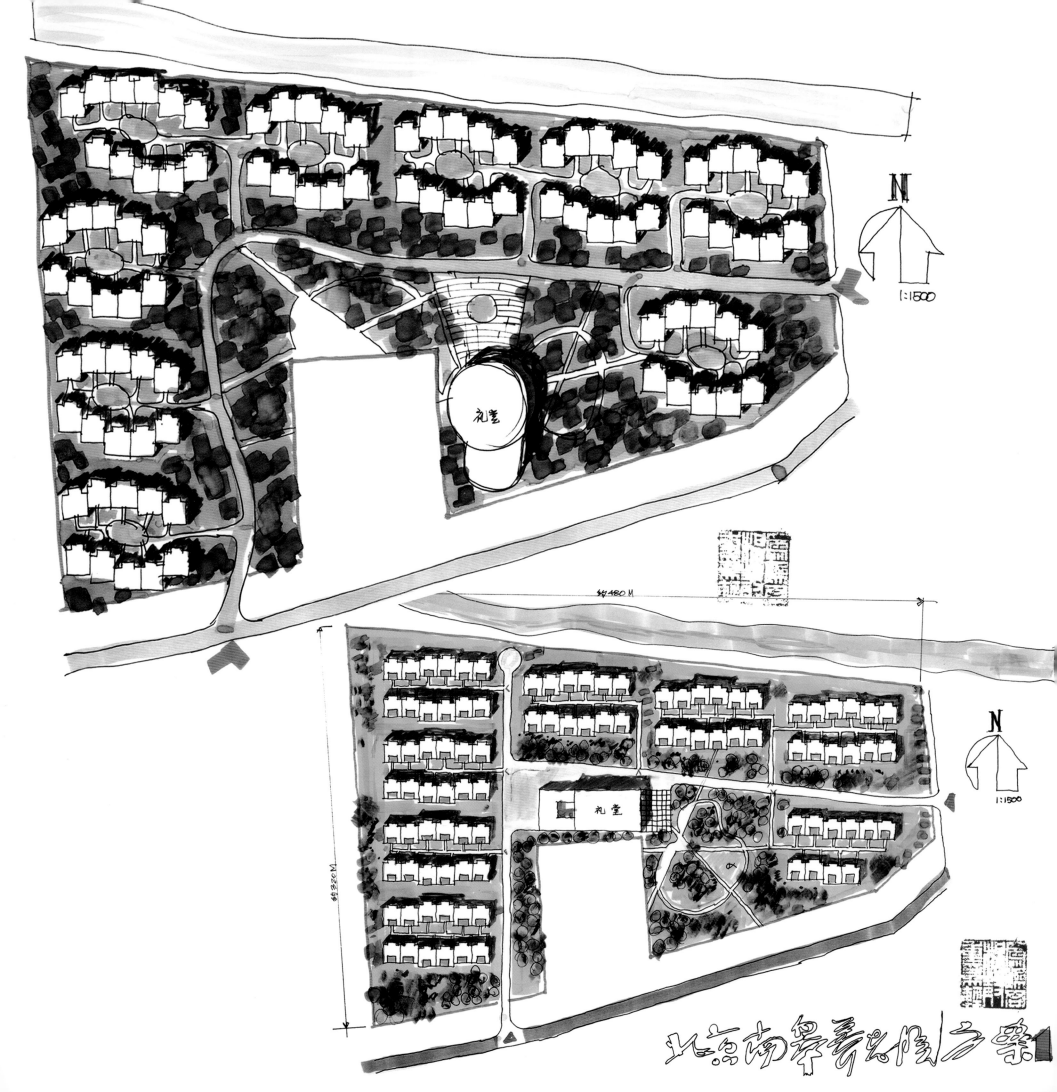

礼堂

N

1:1500

约480 M

约320M

礼堂

N

1:1500

北京南罗景先阳方案①

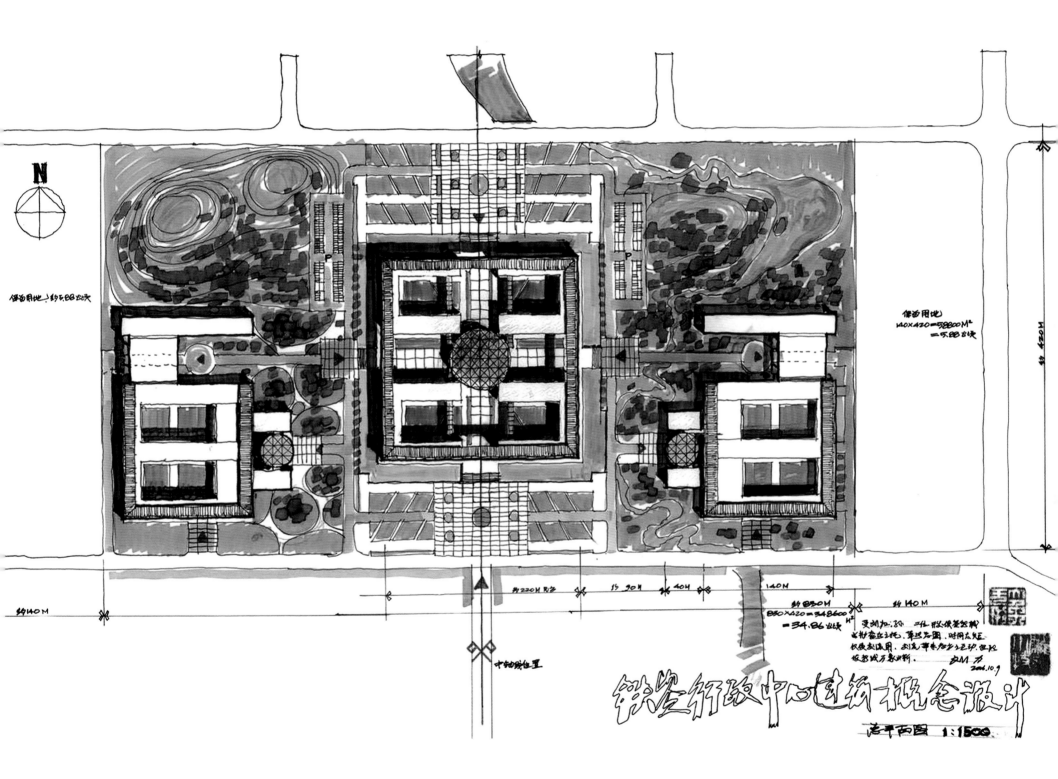

N

铁岭行政中心建筑概念设计
总平面图 1:1500

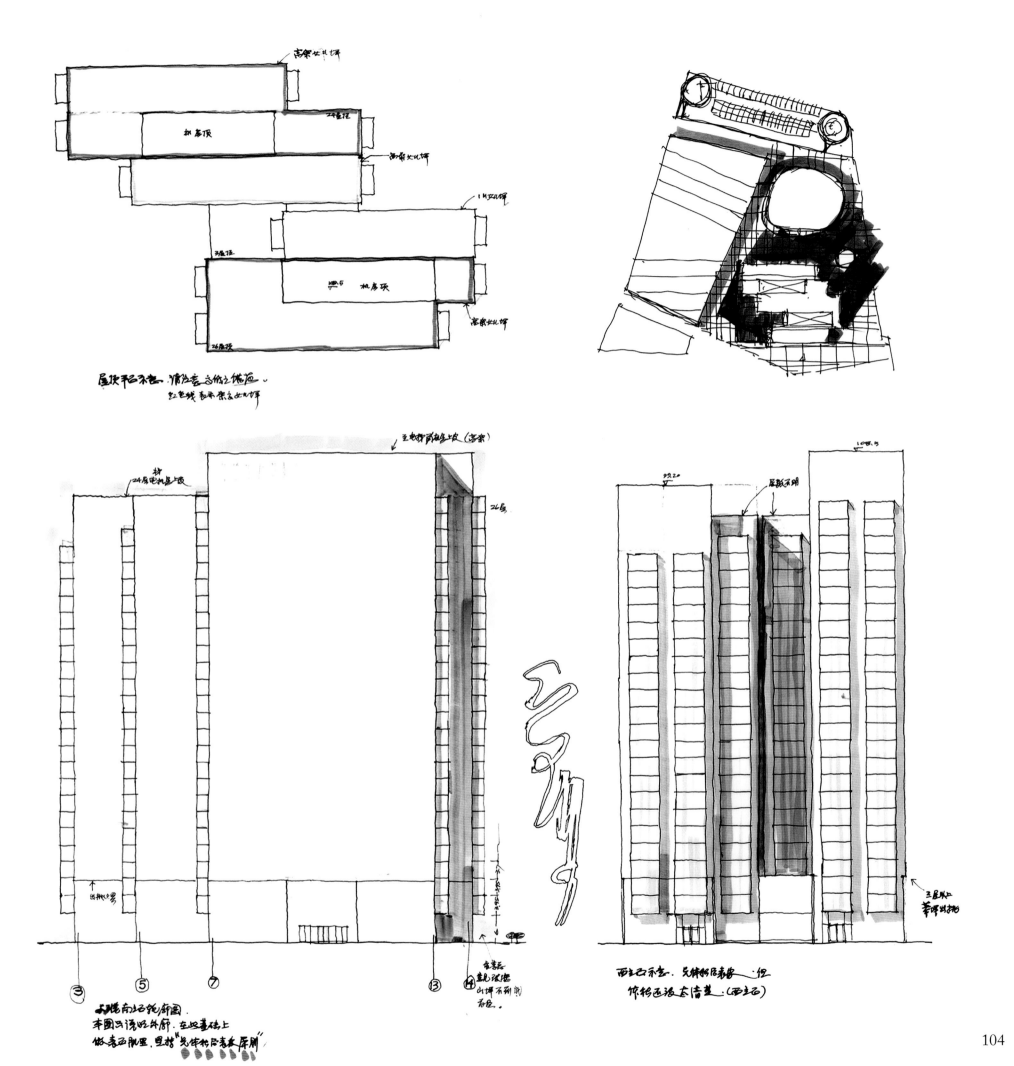

U-TOWN 立面⑤实施性研究图

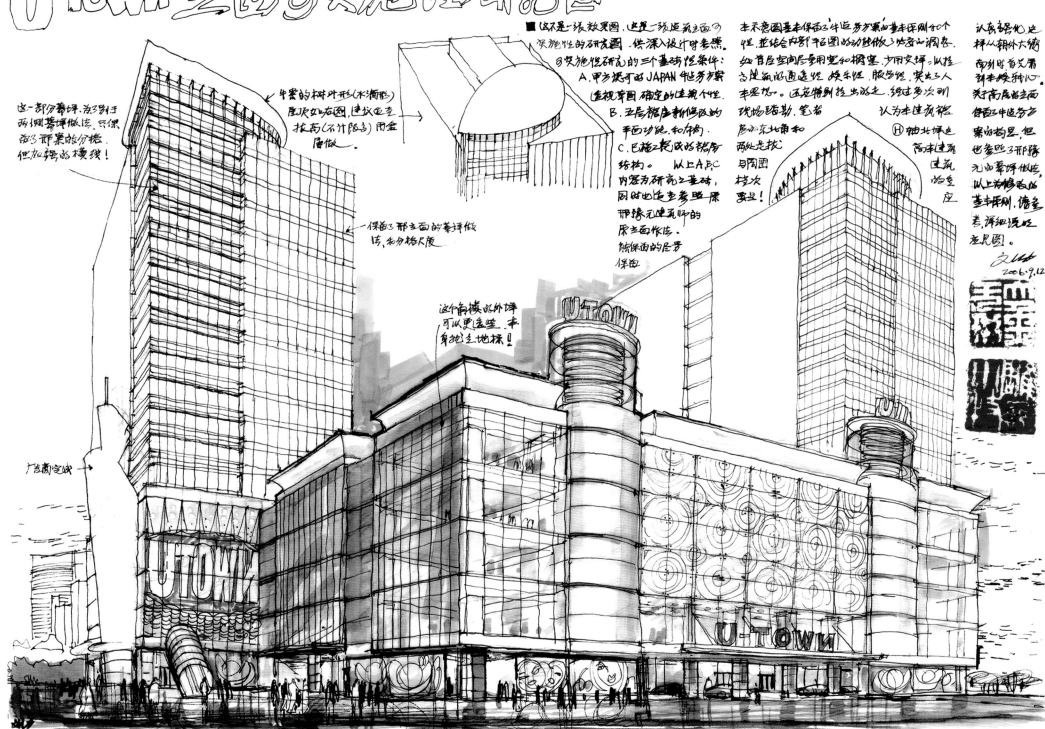

■ 这不是一张效果图，这是一张建筑立面⑤
深施性的研究图。供深入设计时参照。
⑤实施性研究的三个基础性条件：
A. 甲方认可的JAPAN 轴多方案
（透视意图确定的连续性）。
B. 主层格后新修改的
平面功能，和结构。
C. 已施工完成的格后
结构。 以上ABC
内容为研究之基础，
同时也应参照原
那像元建筑师的
原立面制作时，
能保面的尽罗
保面

保留了那立面的幕墙做
法，和分格尺度

这一部分幕墙，为了别于
两侧幕墙做法，只保
面了那案的分格
但加转流横线！

牛案的树叶形（水滴形）
屋顶如右图，建议仍要
扶高（不介限高）雨金
屋做。

这个角楼的外墙
可以更连续，本
身就主地标！

广告塔定成

本示意图基本保面了牛运多方案的基本准则和个
性，并结合内部平后图的功能做了些多知调整。
如首启空间应多用宽和概塞，为用实坪，以格
多建筑阳面连续，娱东性，服多经，突出了人
本思想。还应特别挺出的是，经过多次测
现场结助，笔者   认为本建筑格后
彰从东北角和   而主牛建筑
两处是扶   与周围
与周围   建筑
格次   的至
要注！   应

Ⓗ轴北坪连
高牛建筑

认多多样化足
样从朝外大缩
而外时首先看
到牛换转化
关于高层部立面
保面了牛运多方
案知构呈，但
也多些了那你
元的幕坪做法，
以上为修改的
基本准则，请全
卷，详细说见
连见图。

文山岭
2006.9.12

U-TOWN

U-TOWN

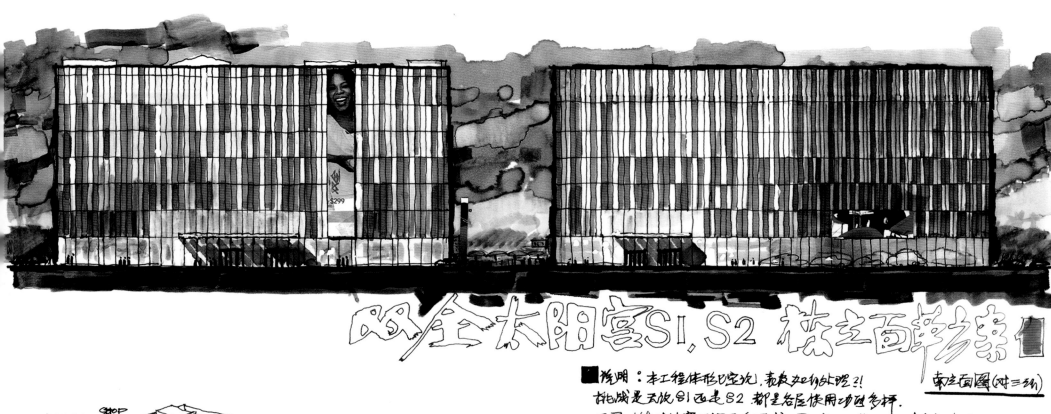

昭全太阳宫S1、S2 栋立面方案①

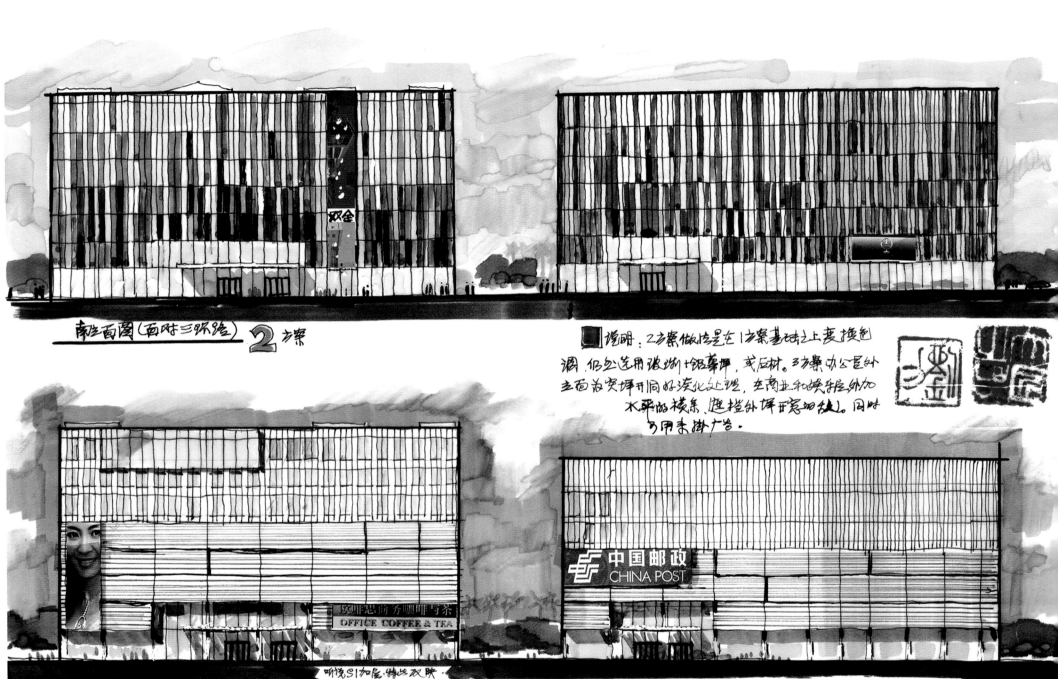

南立面图（面对三环路）**2**方案

说明：2方案做法是在1方案基础上更换色调，仍然选用玻璃+铝蜂坪，或石材。3方案办公室外立面为突坪开洞好淡化处理，在商业和娱乐在外加水平的横条，遮挡外坪开窗细缝。同时另用来挂广告。

南立面图（面对三环）**3**方案

明窗S1加层，特此改映。

网/金太阳宫S1、S2栋立面方案2/3

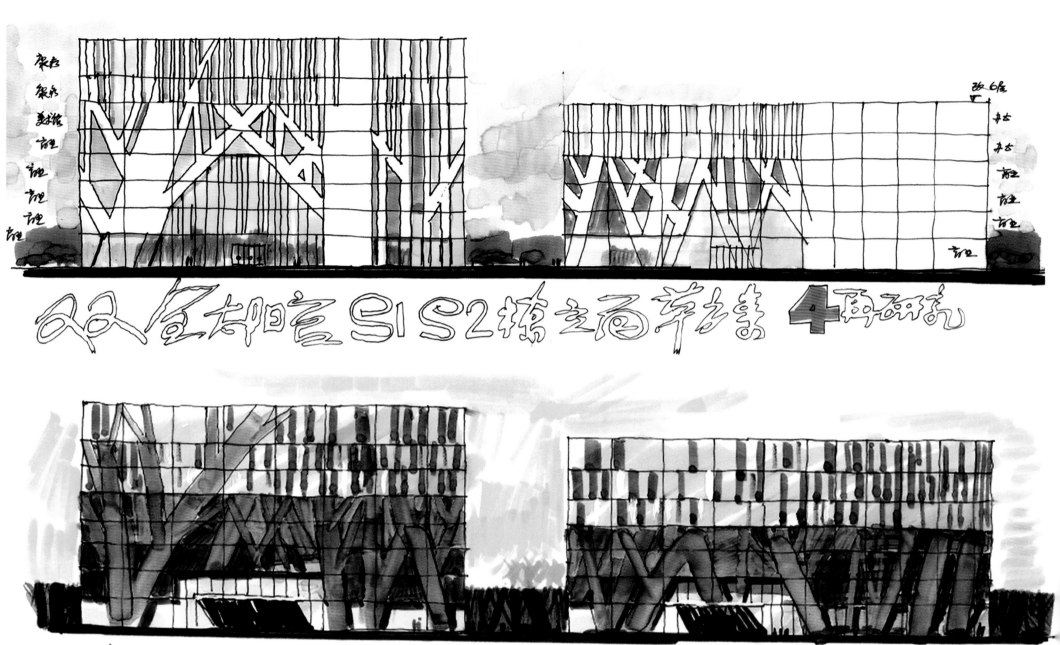

双屋太阳宫 S1 S2 楼立面草方案 ④ 两种研究

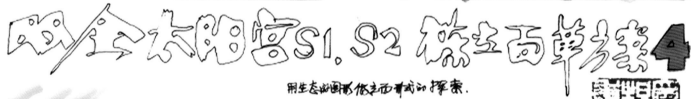

南立面图（面对三环路）

网/全 太阳宫 S1. S2 楼立面草方案 ④

用生态的画感使立面有式的探索.

南立面图（面对三环路）

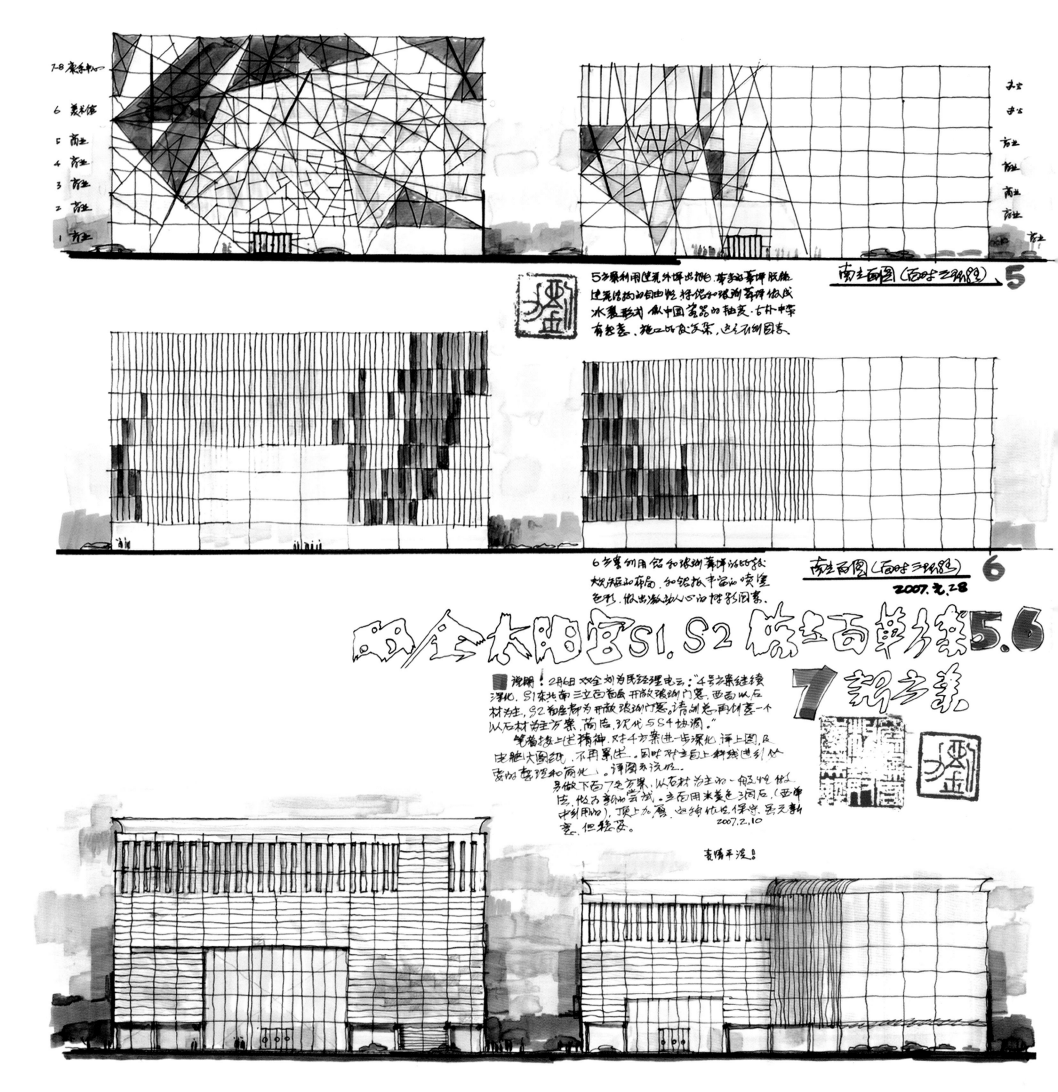

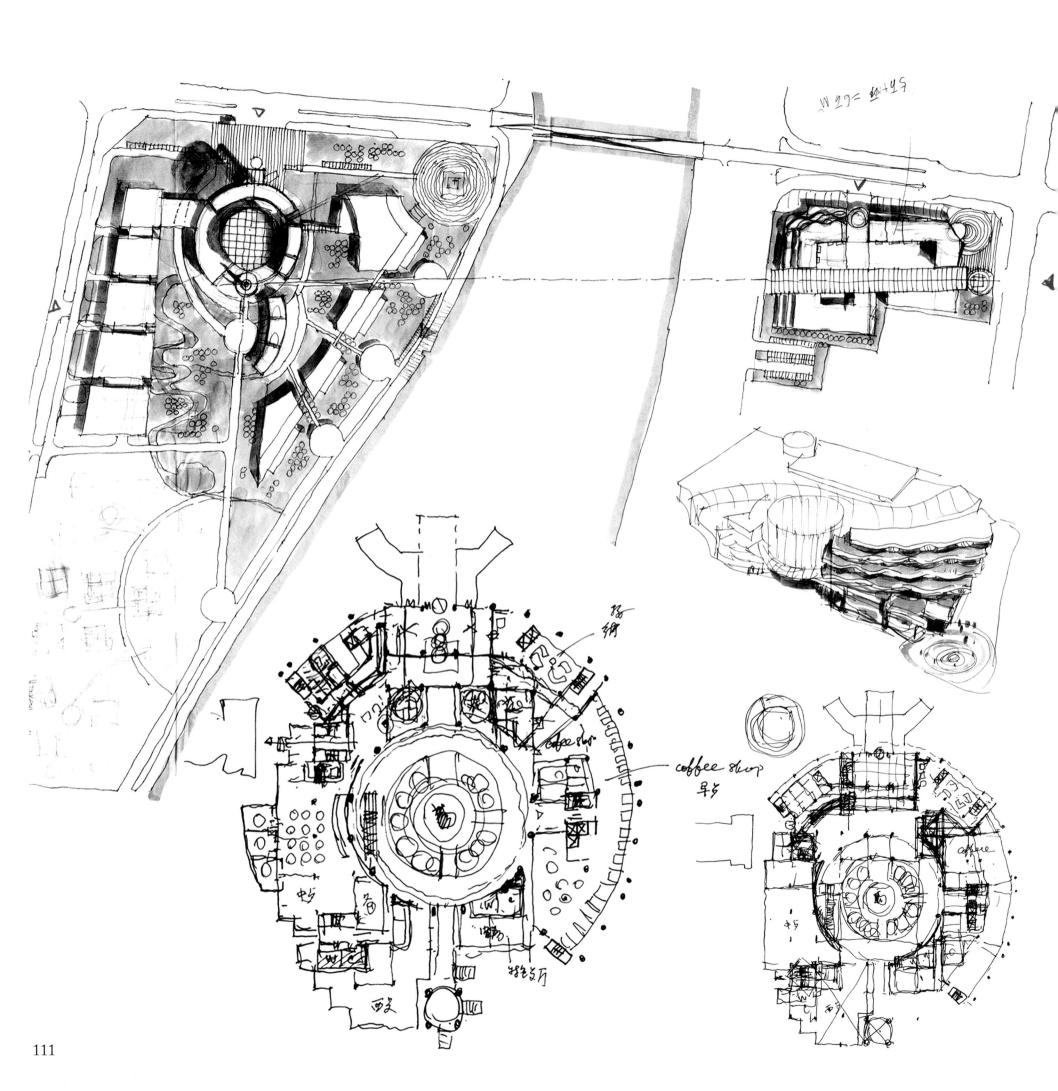

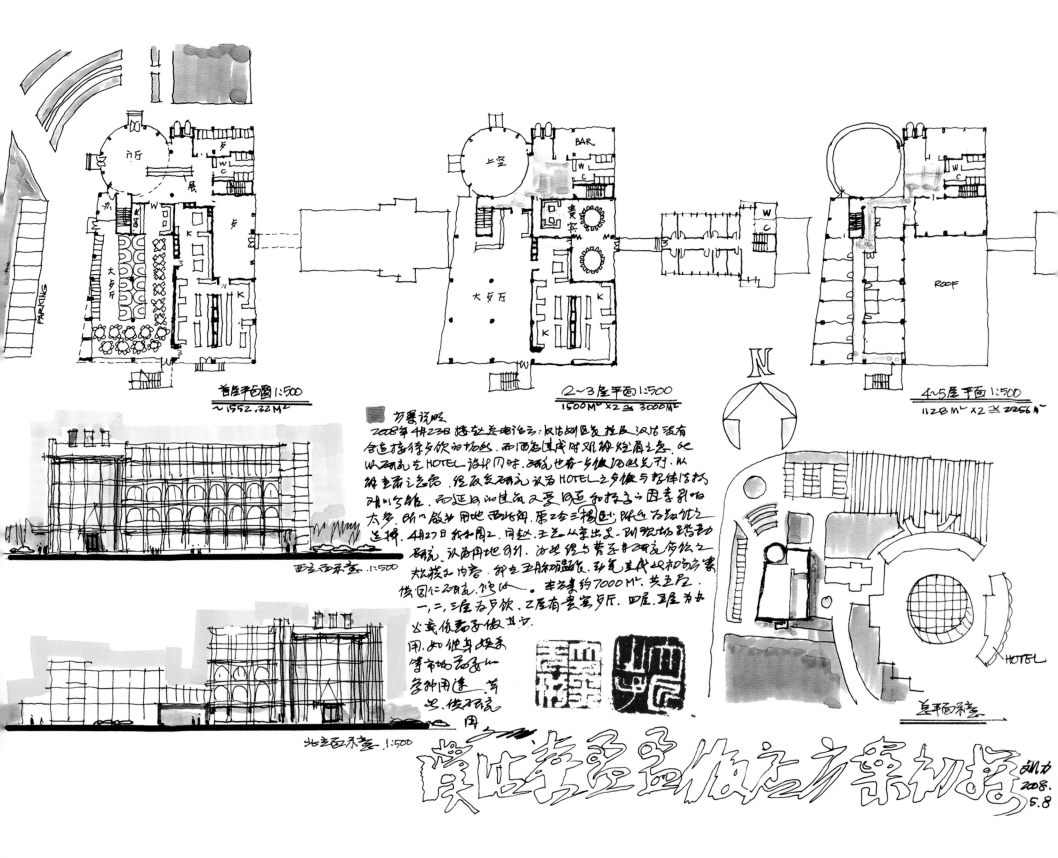

首层平面图 1:500
~1552.32 M²

2~3层平面 1:500
1500M² ×2 ＝ 3000M²

4~5层平面 1:500
1128 M² ×2 ＝ 2256 M²

西立面示意 1:500

北主立面示意 1:500

N

ROOF

BAR

门厅

上空

大夕万

PARKING

HOTEL

总平面示意

112

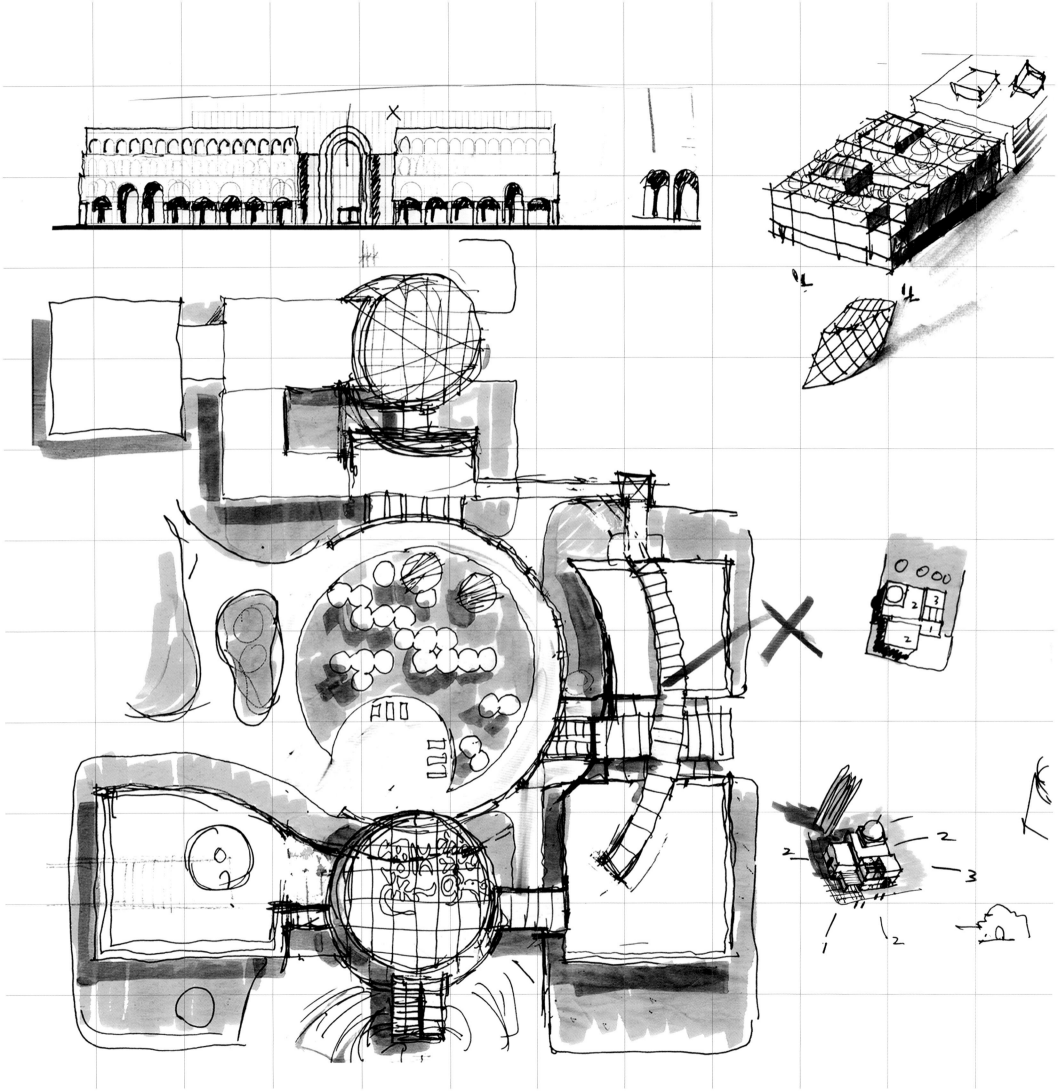

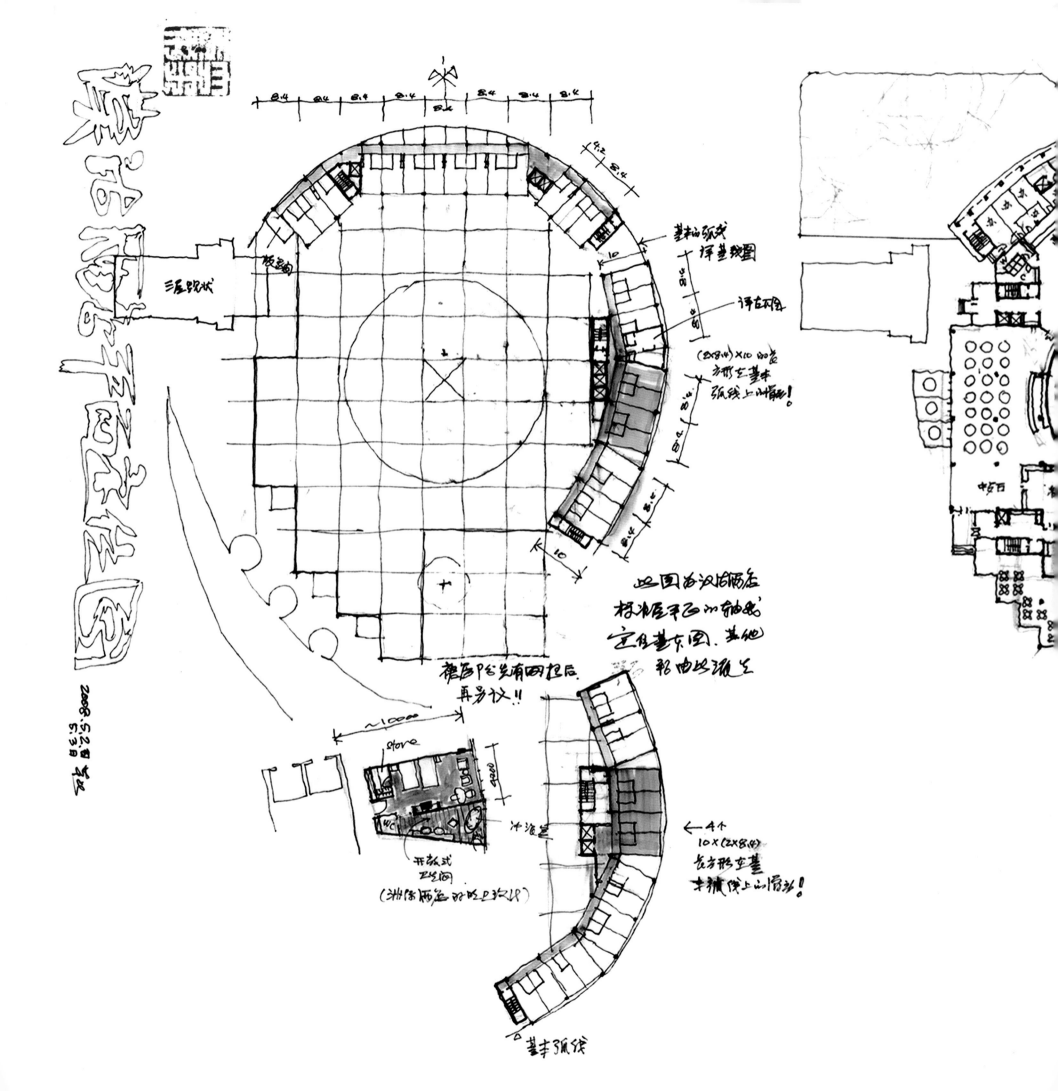

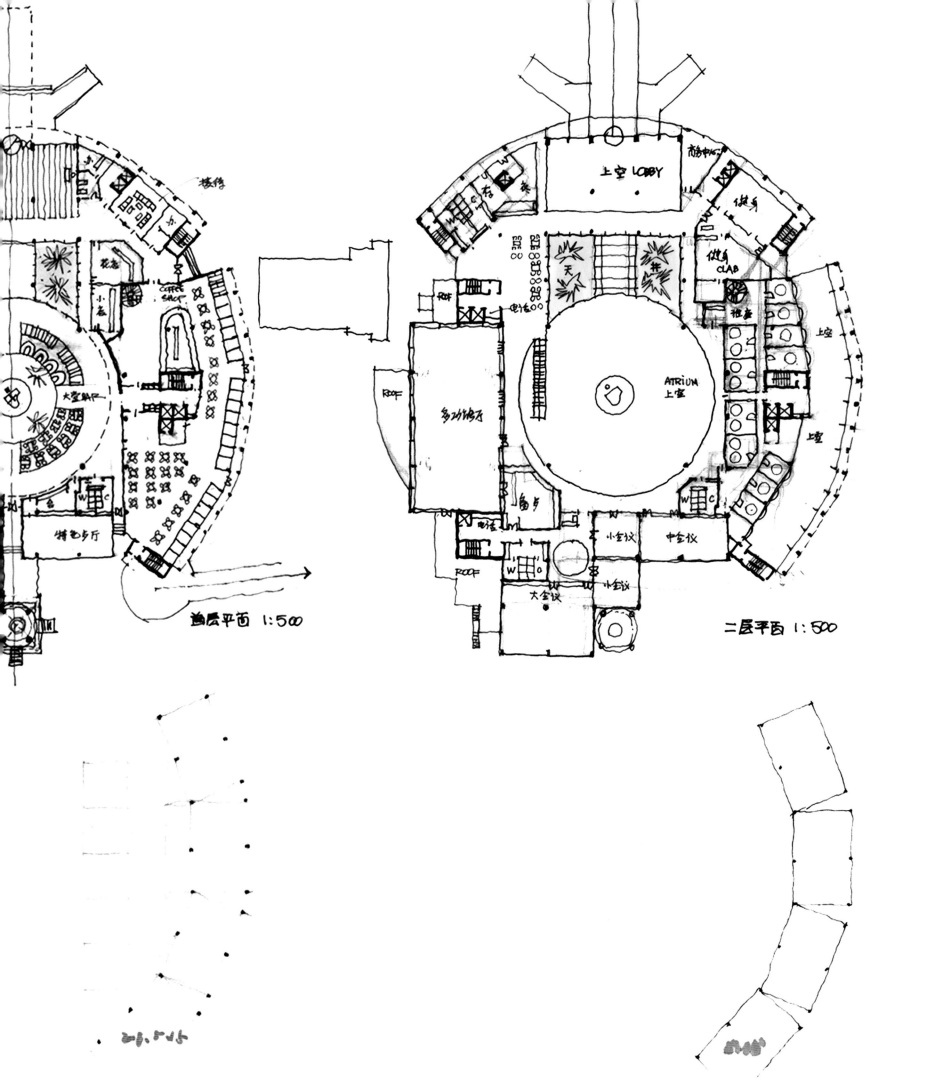

接待

花房

COFFEE SHOP

大堂BAR

特色多厅

首层平面 1:500

上空 LOBBY

商务中心

健身

健身 CLAB

ROOF

天

ATRIUM
上空

雅座

上空

上座

多功能厅

ROOF

自务

电话

大会议

小会议

中会议

小会议

ROOF

二层平面 1:500

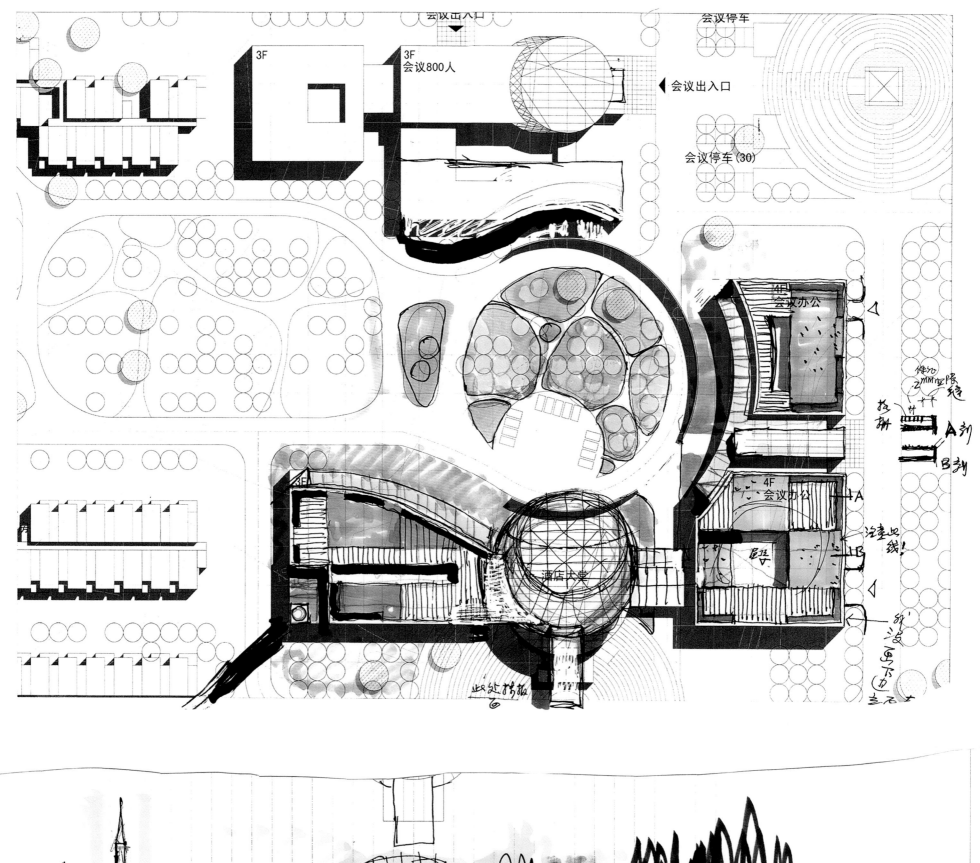

会议出入口　　　　　会议停车

3F

3F
会议800人

◀ 会议出入口

会议停车 (30)

4F
会议办公

A剖

B剖

4F
会议办公

酒店大堂

南立面　1:600

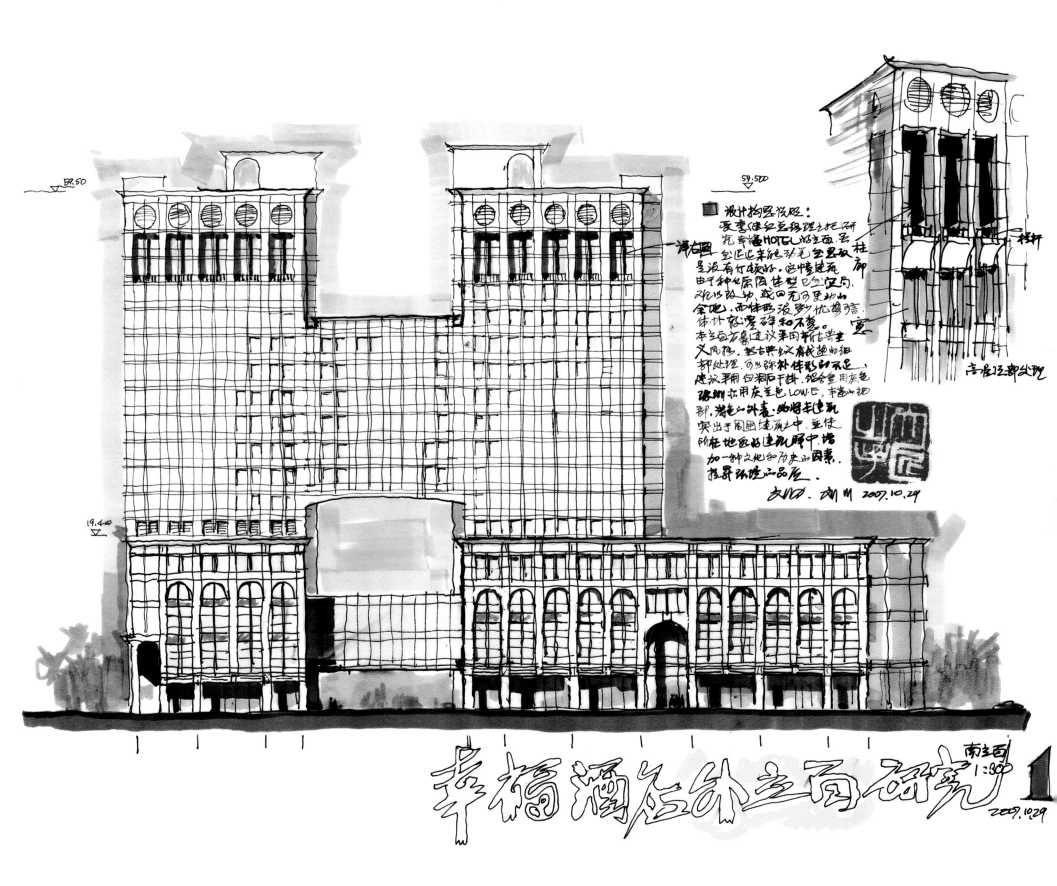

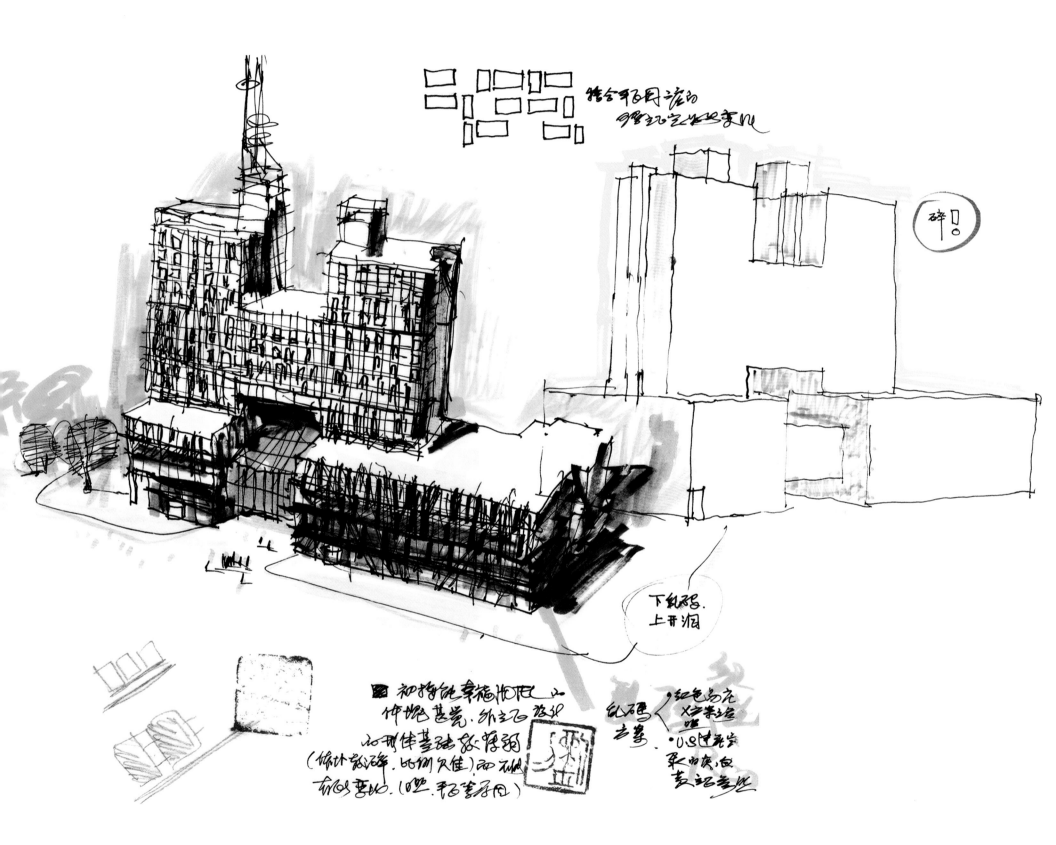

118

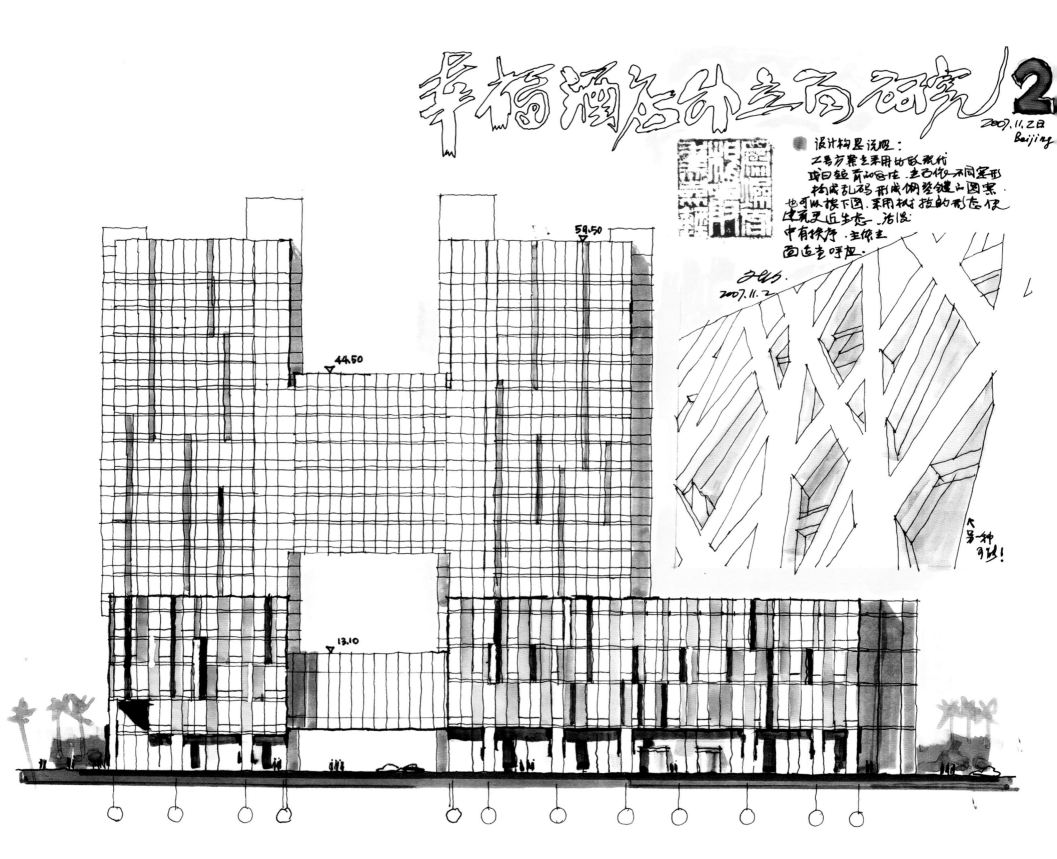

119

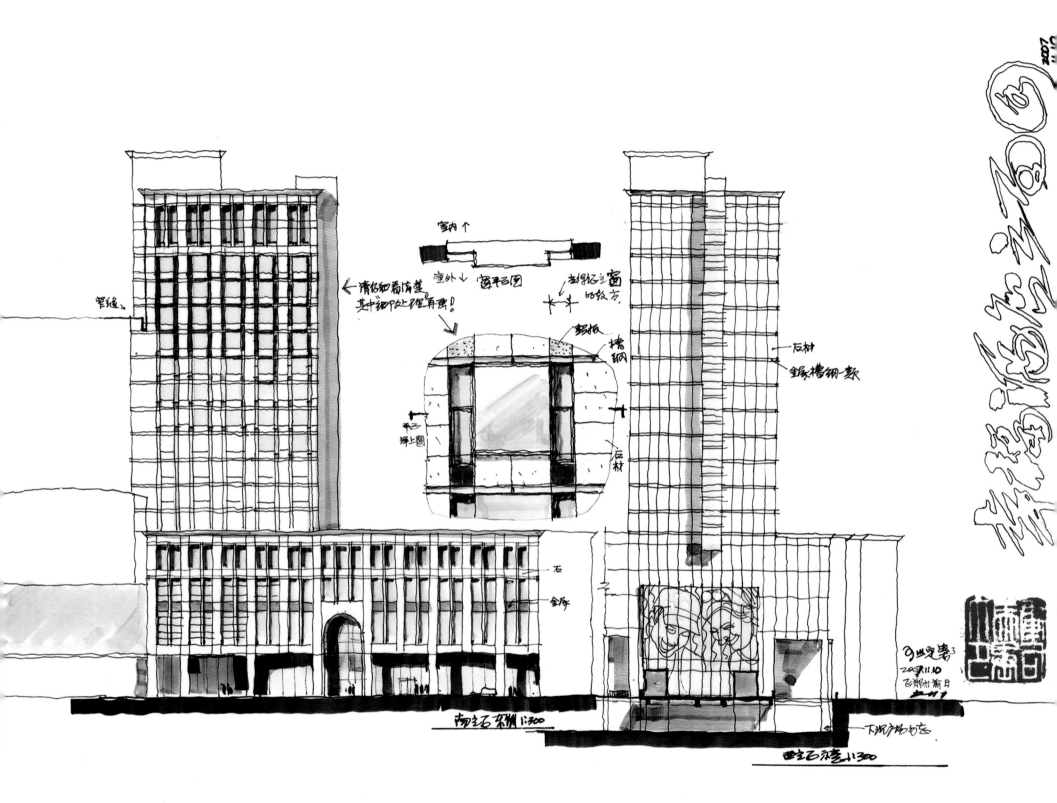

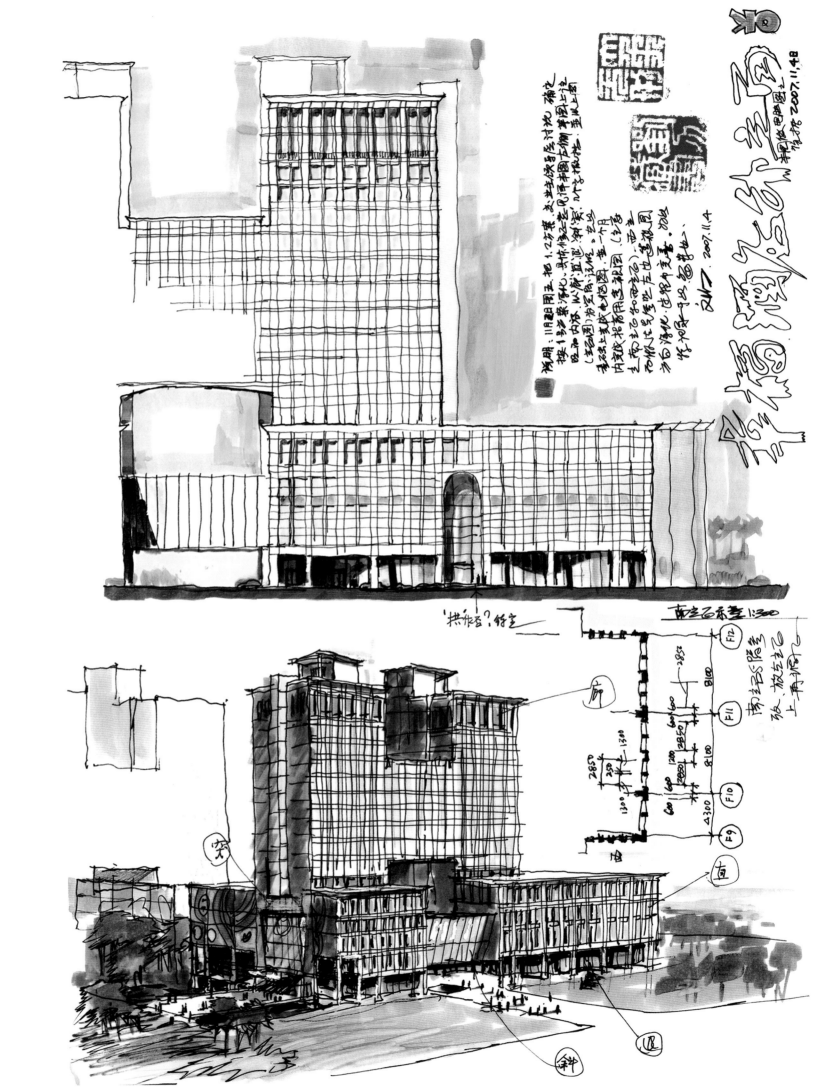

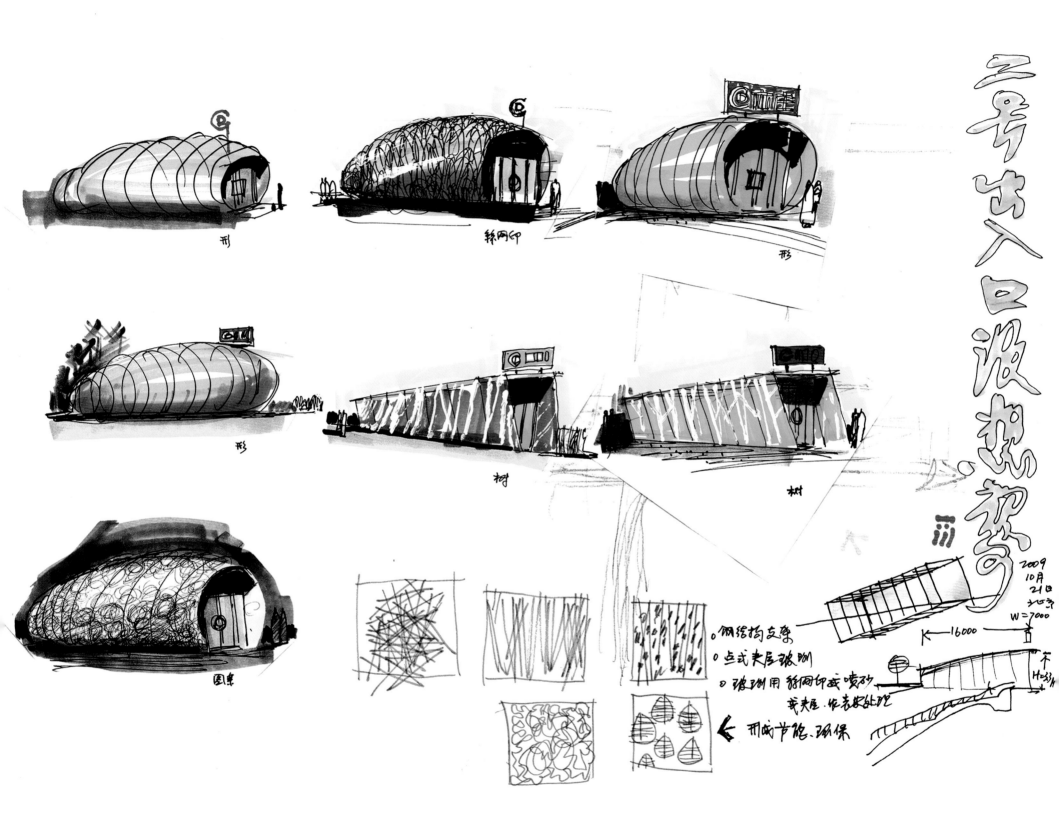

形

丝网印

形

形

树

树

图案

二号出入口波浪构想

2009
10月
2日
253

W=7000

K=16000

不
H=33n

○钢结构支撑
○点式夹层玻璃
○玻璃用 丝网印或喷砂
  或夹层，作表处理
○形成节能、环保

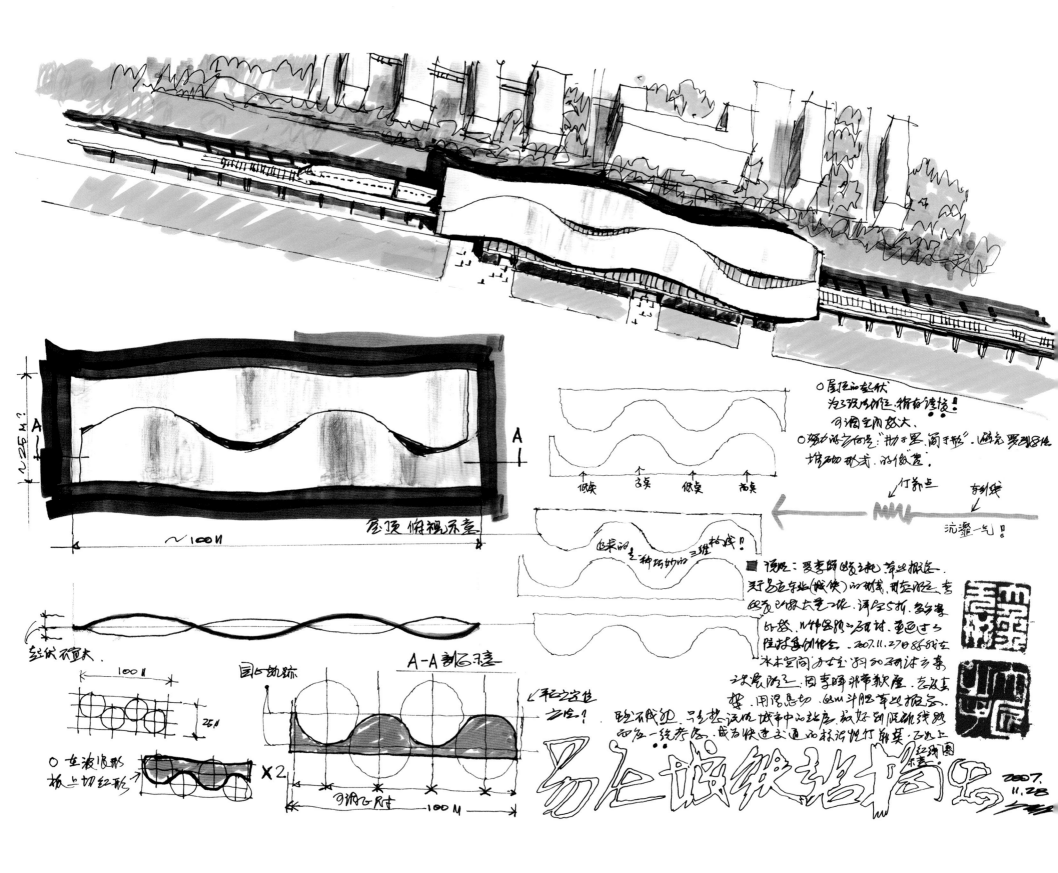

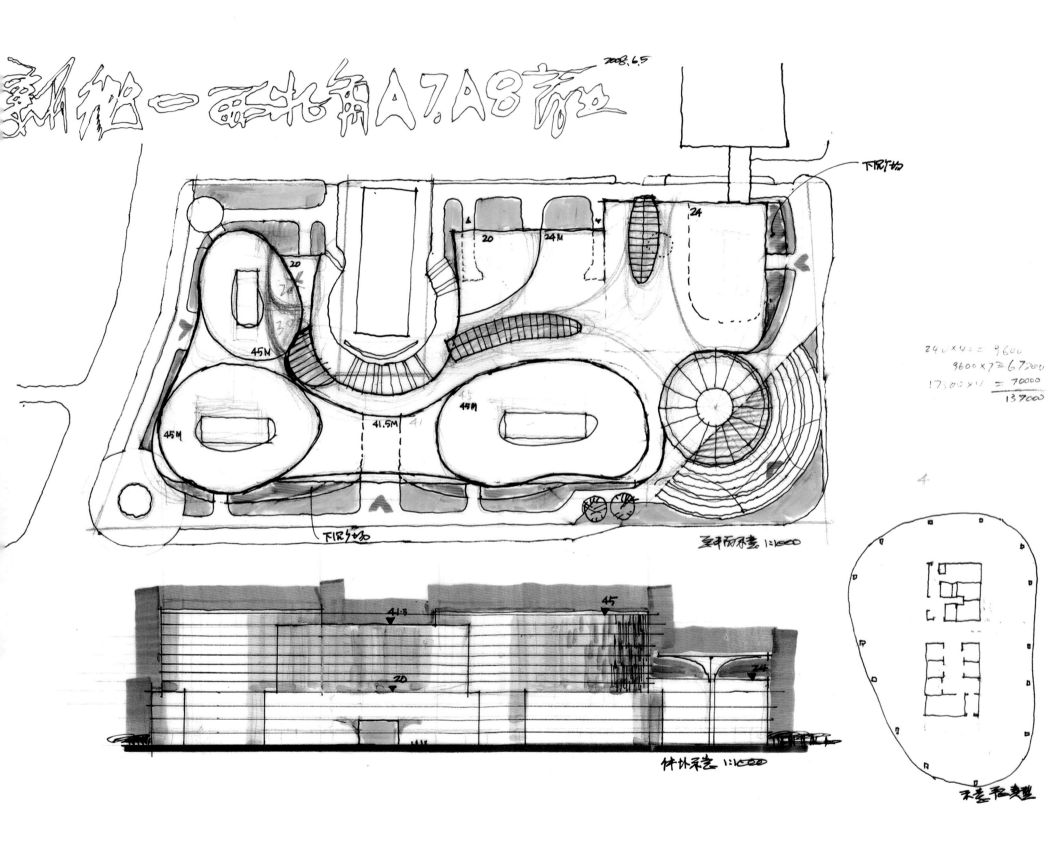

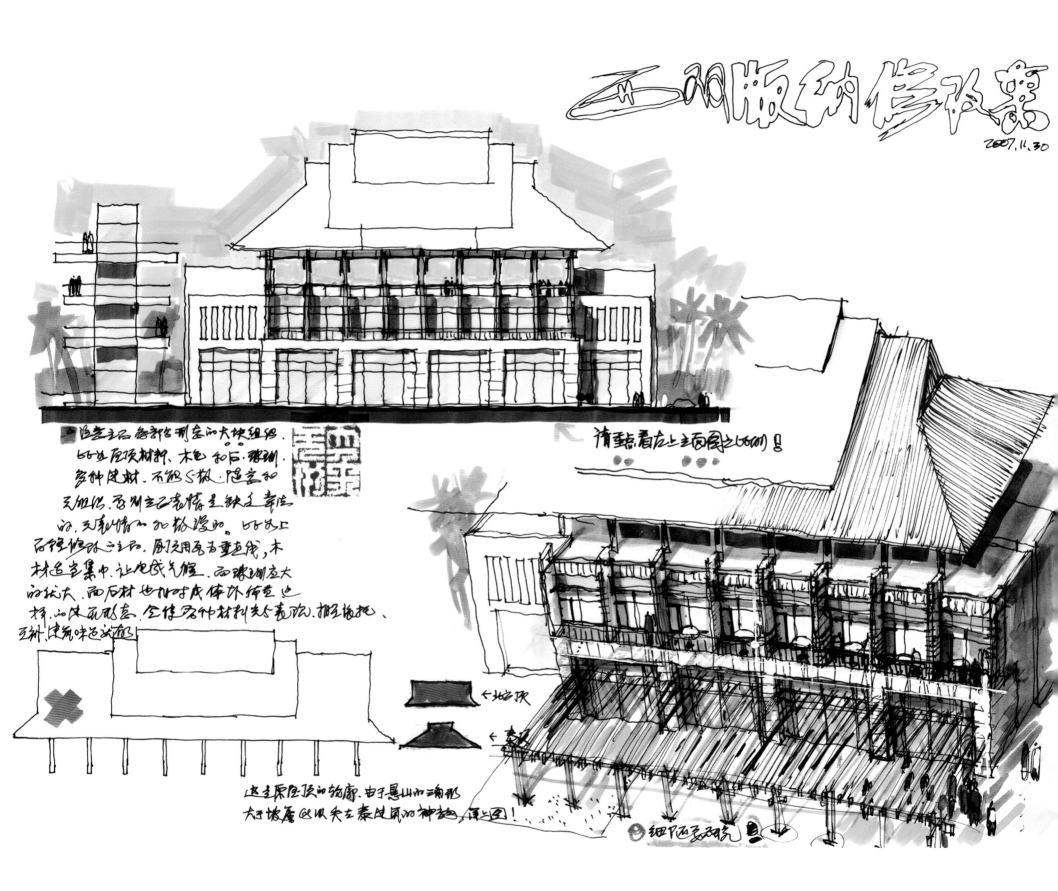

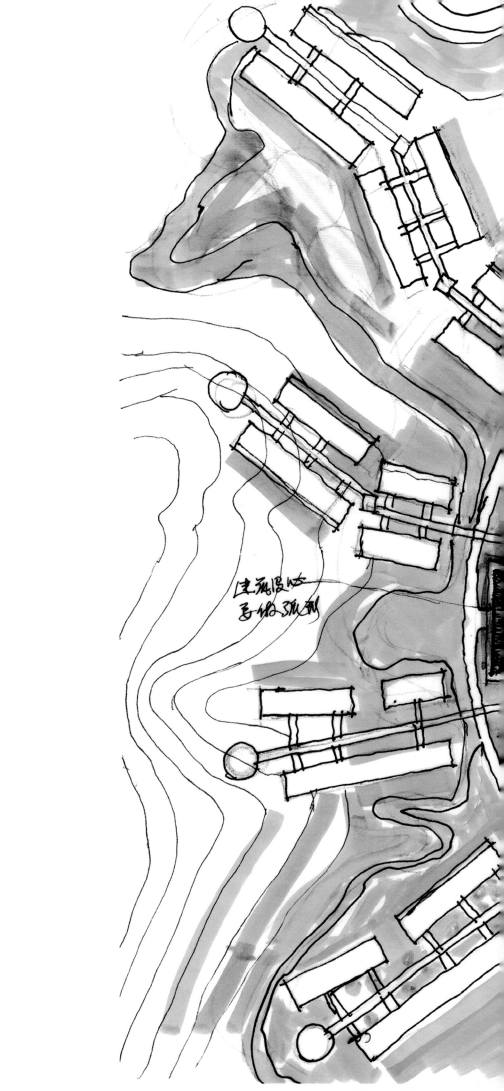

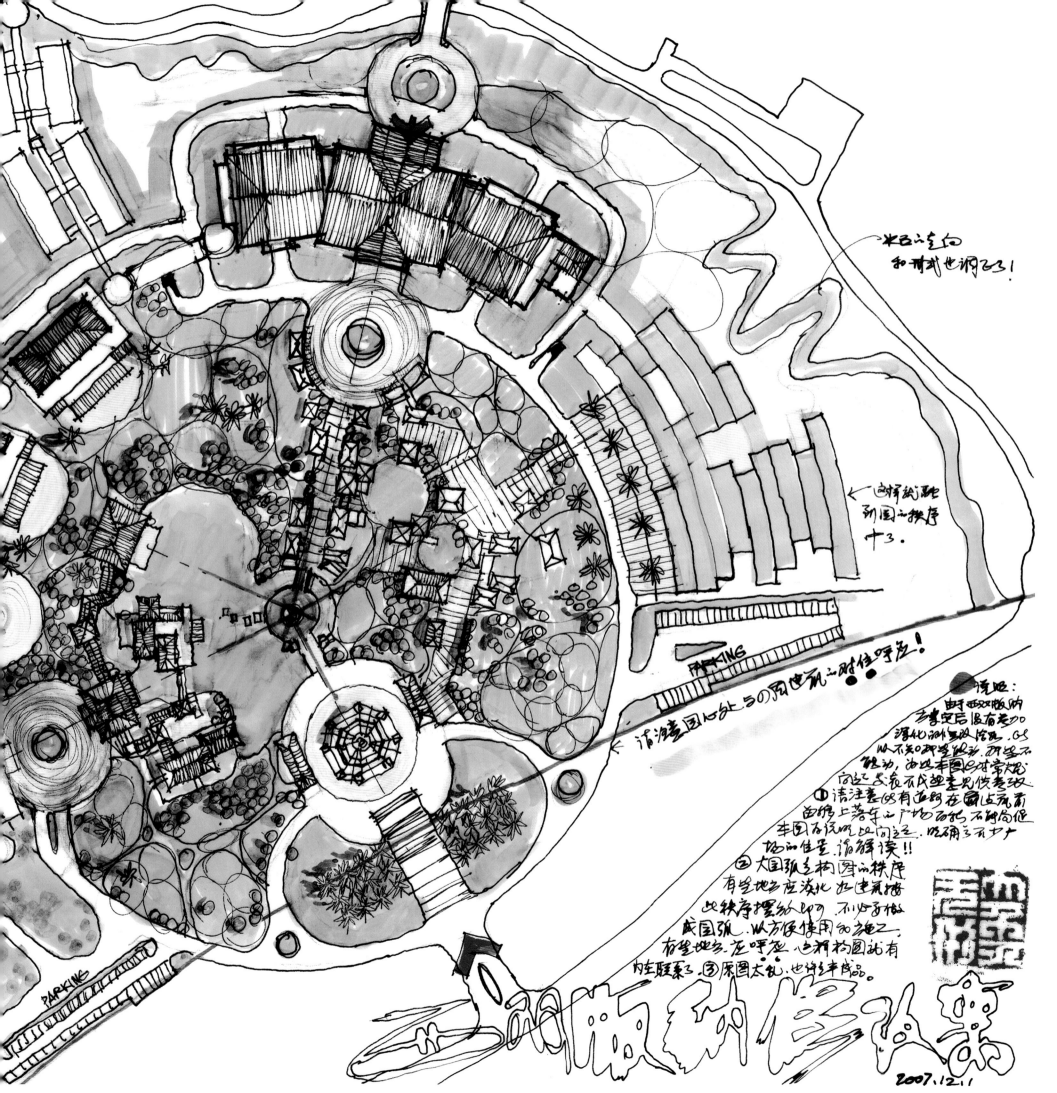

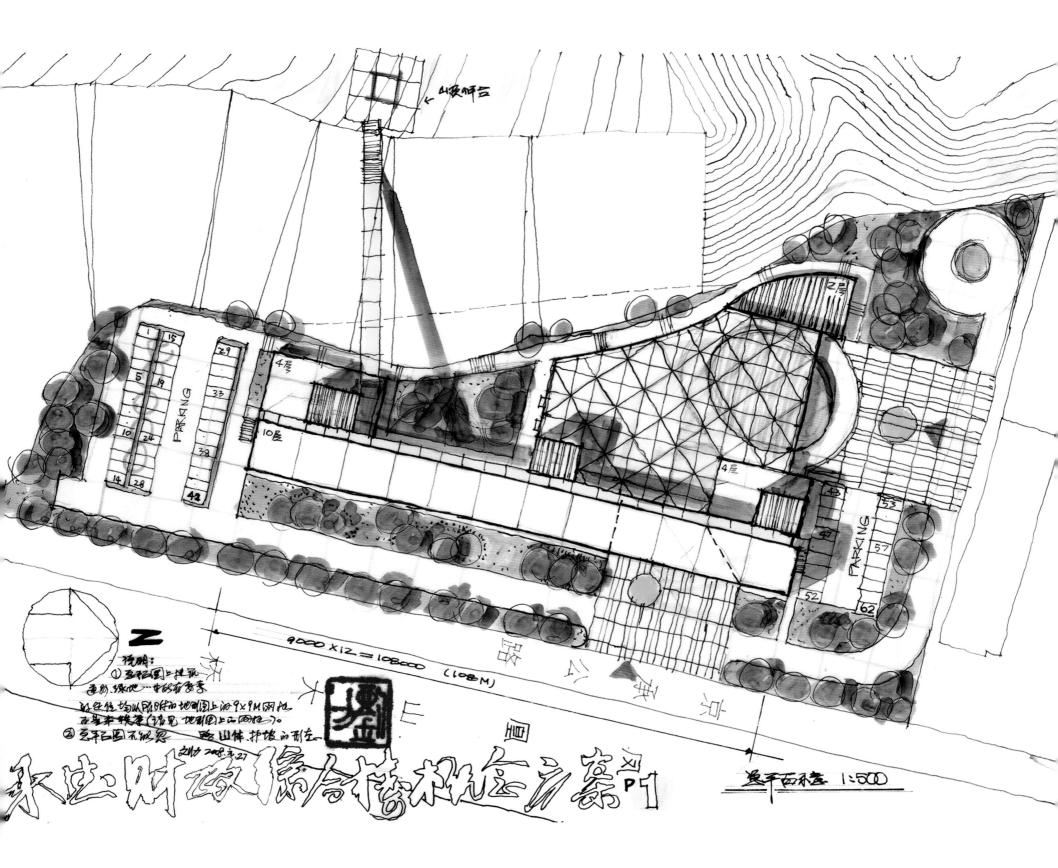

N

9000 X 12 = 108000 (108M)

总平面示意 1:500

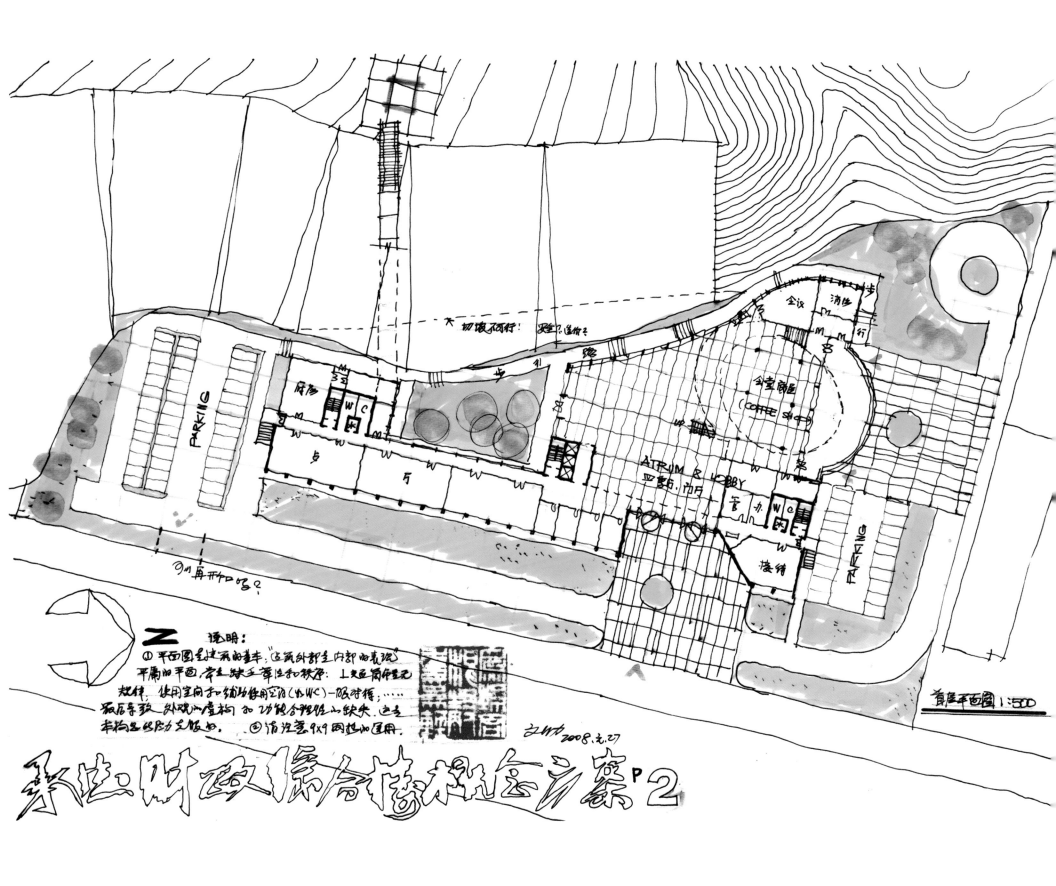

PARKING

厨房
WC

COFFEE SHOP

会议 清修 步行

ATRIUM & LOBBY
四点 市厅

接待

WC

PARKING

大切坡不可行

首层平面图 1:500

说明:
① 平面图是建筑的基本

己WA 2008.元.27

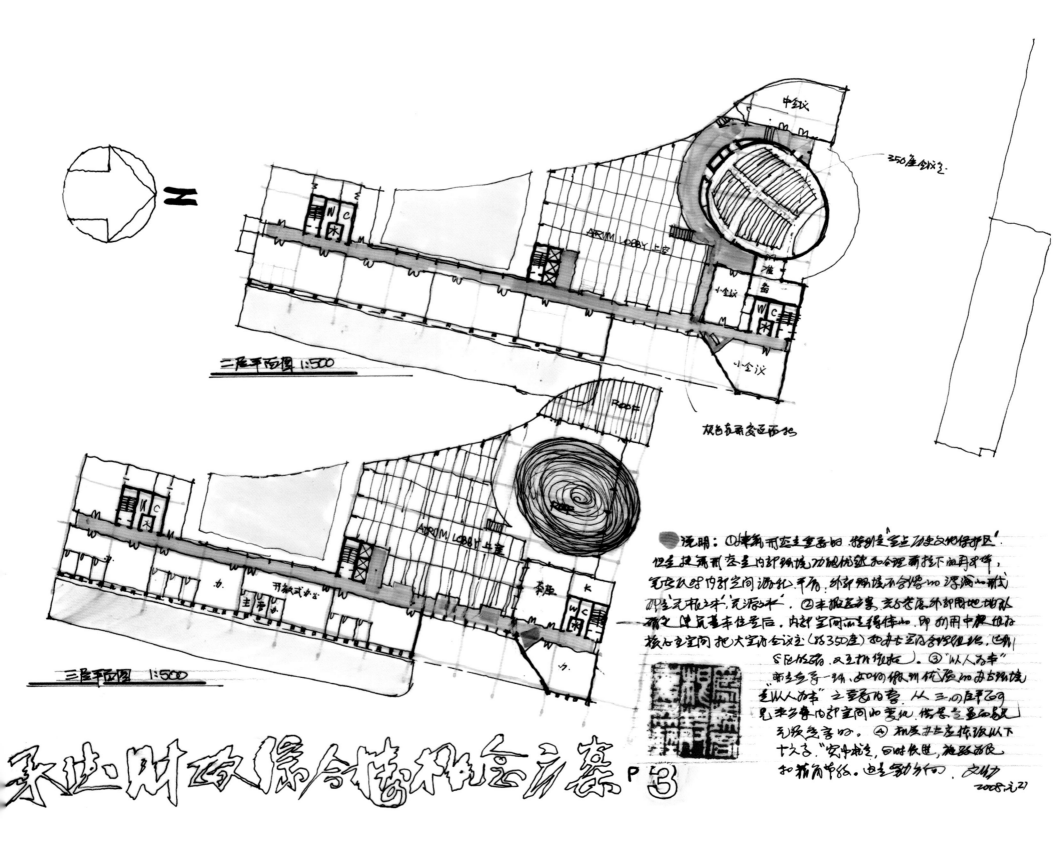

二层平面图 1:500

三层平面图 1:500

N

ARUM LOBBY 上空

350座线之

中线

小金线

小金议

双色表现变更两张

开放式办公

主席

K

WC

ARUM LOBBY 上空

本库

某地财政综合楼秘合方案 P3

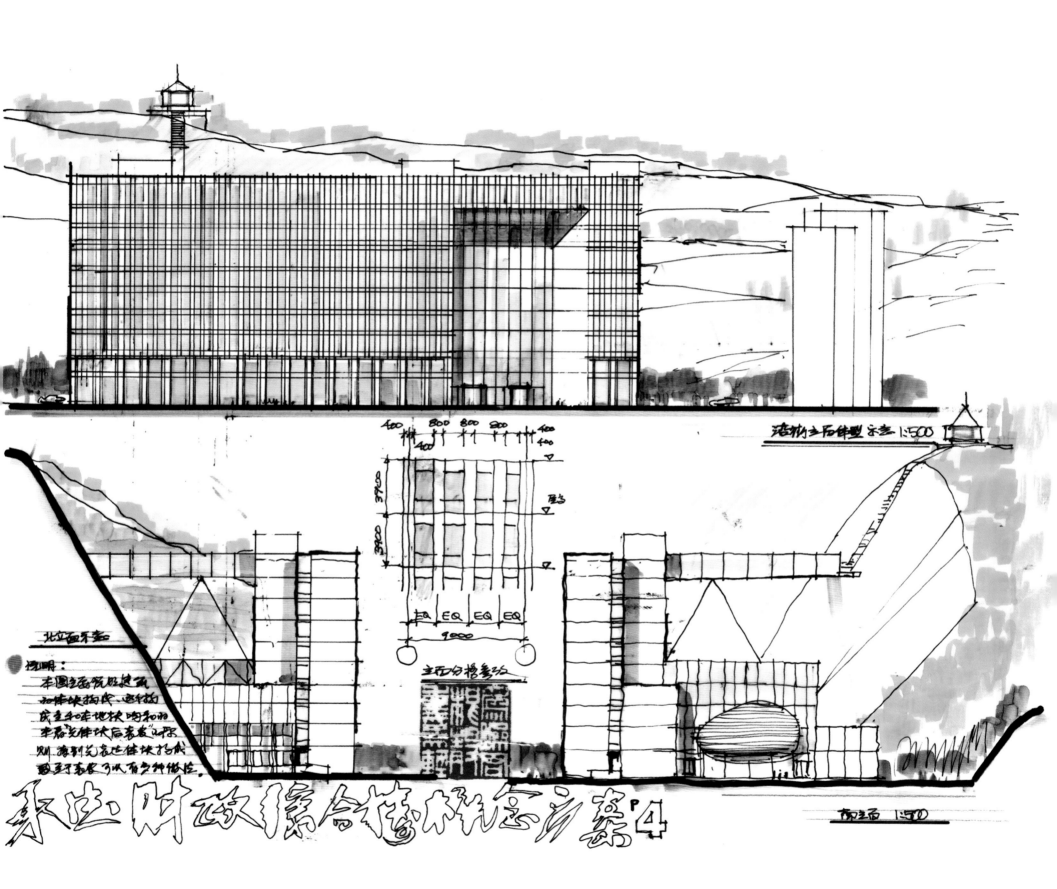

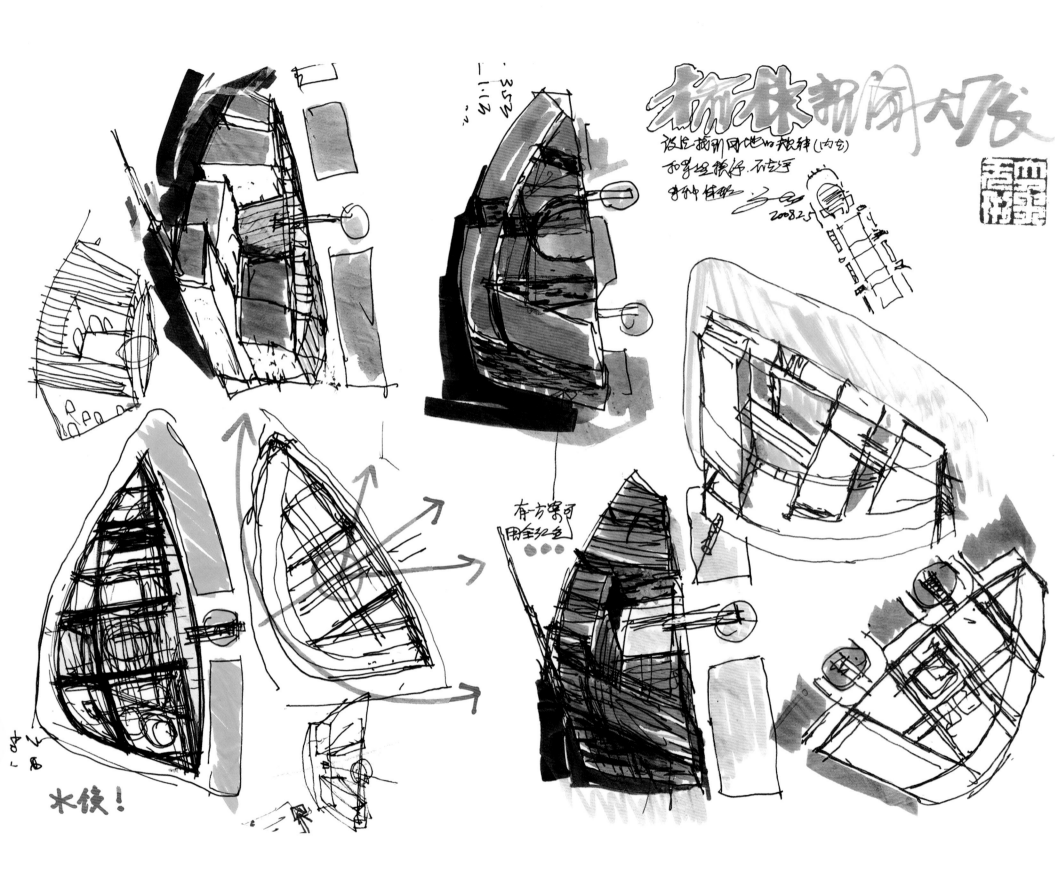

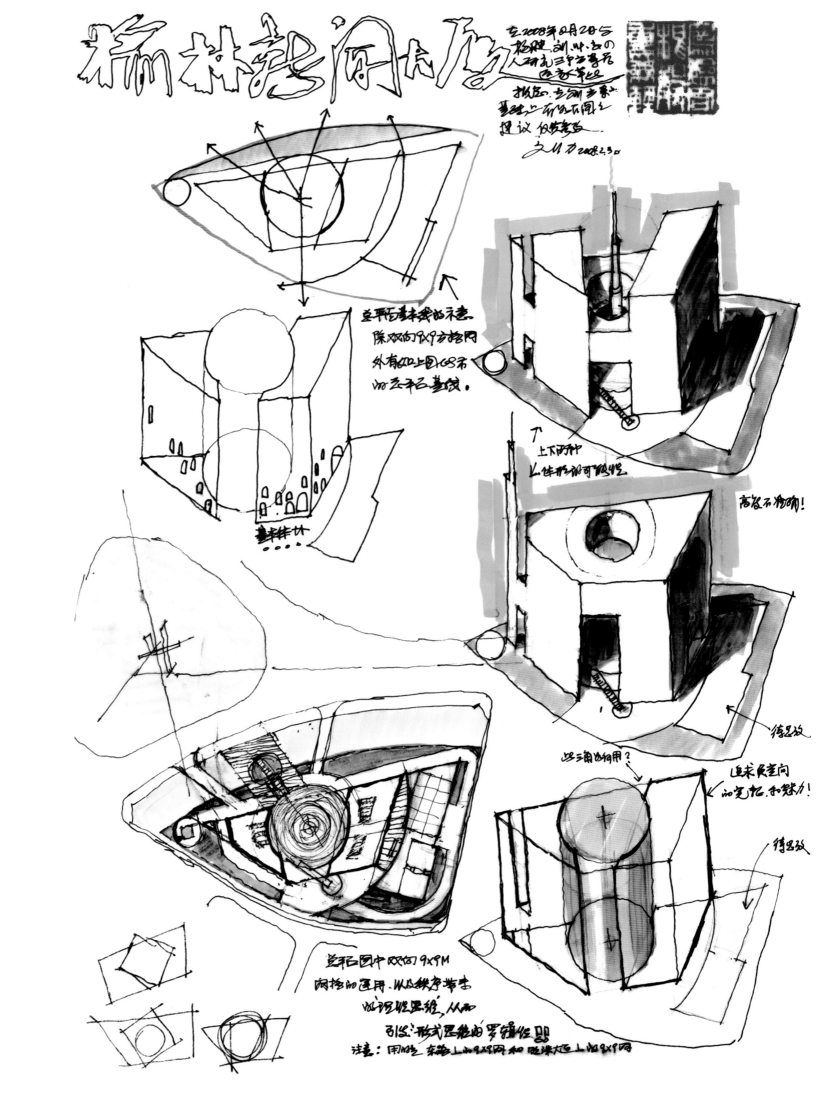

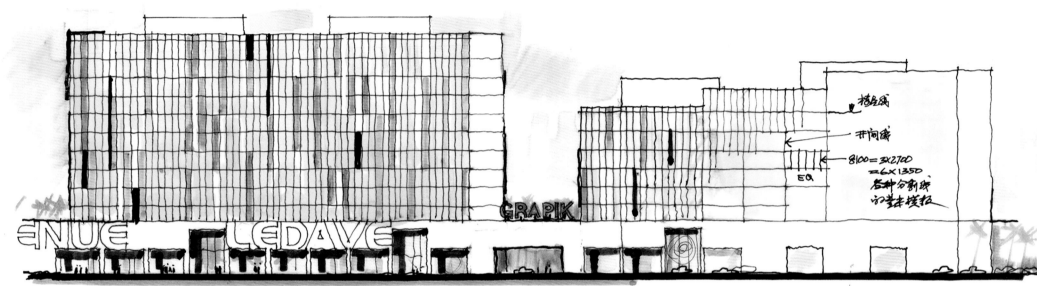

原图注明 8 的楼形 表示分格. 形态的建议 1:500

图注意晚上空开的上件形

因为 是到最终 完成的墙平面图. 和合住气
的件块形态. 以从本图三说明 建筑表皮
的形态. 推测和建议. 推按笔法. 灰缝
走下. ① 此建 速走用幕墙为皮. 石节硬
用始板定符. 用乱码组纹. 诺气坚金
砌化 里发. 卡末轻 HOTEL 的处路.
② 住气造型不好. 此无理论了. 表皮
层用态一般. 本图三左居阁基础上
实书晓定学

限图注修 2 的楼形. 表书处 好的建议 1:300

2008. 4. 13. 14. 三的的算 LC

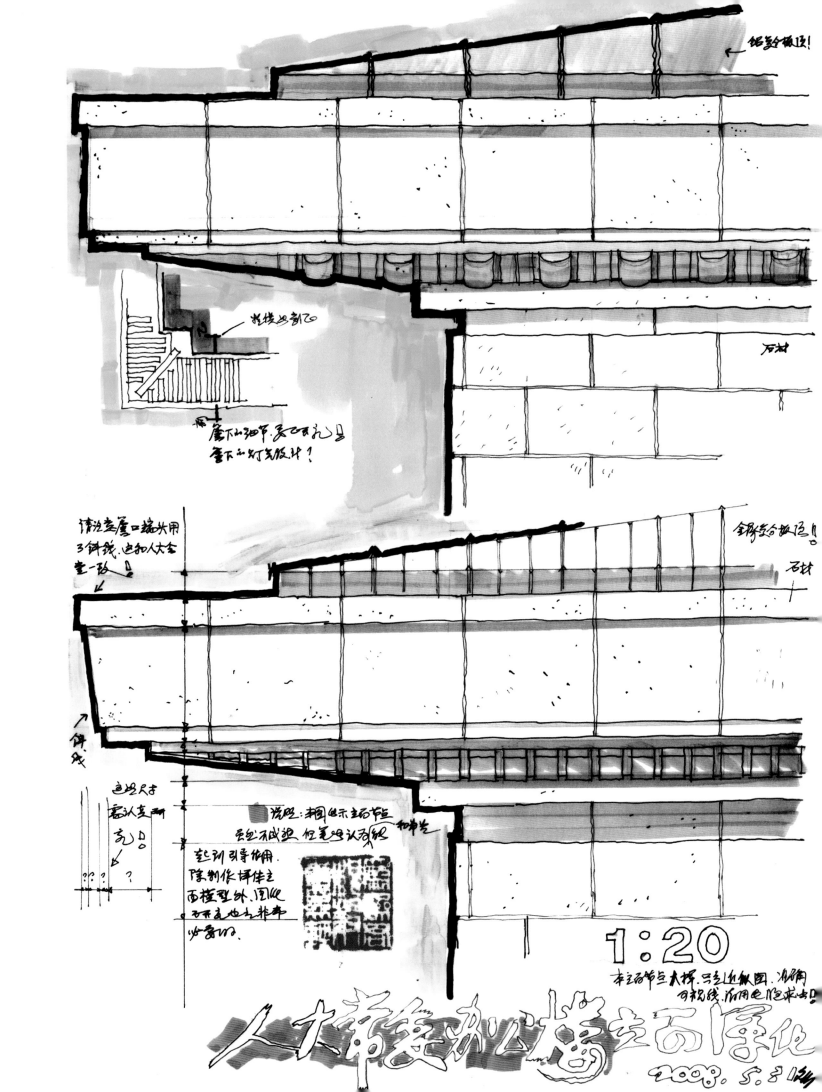

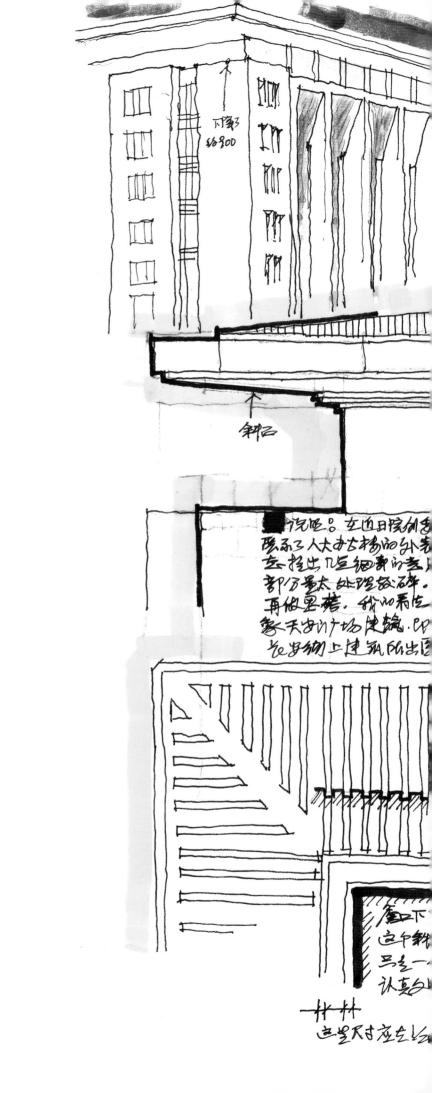

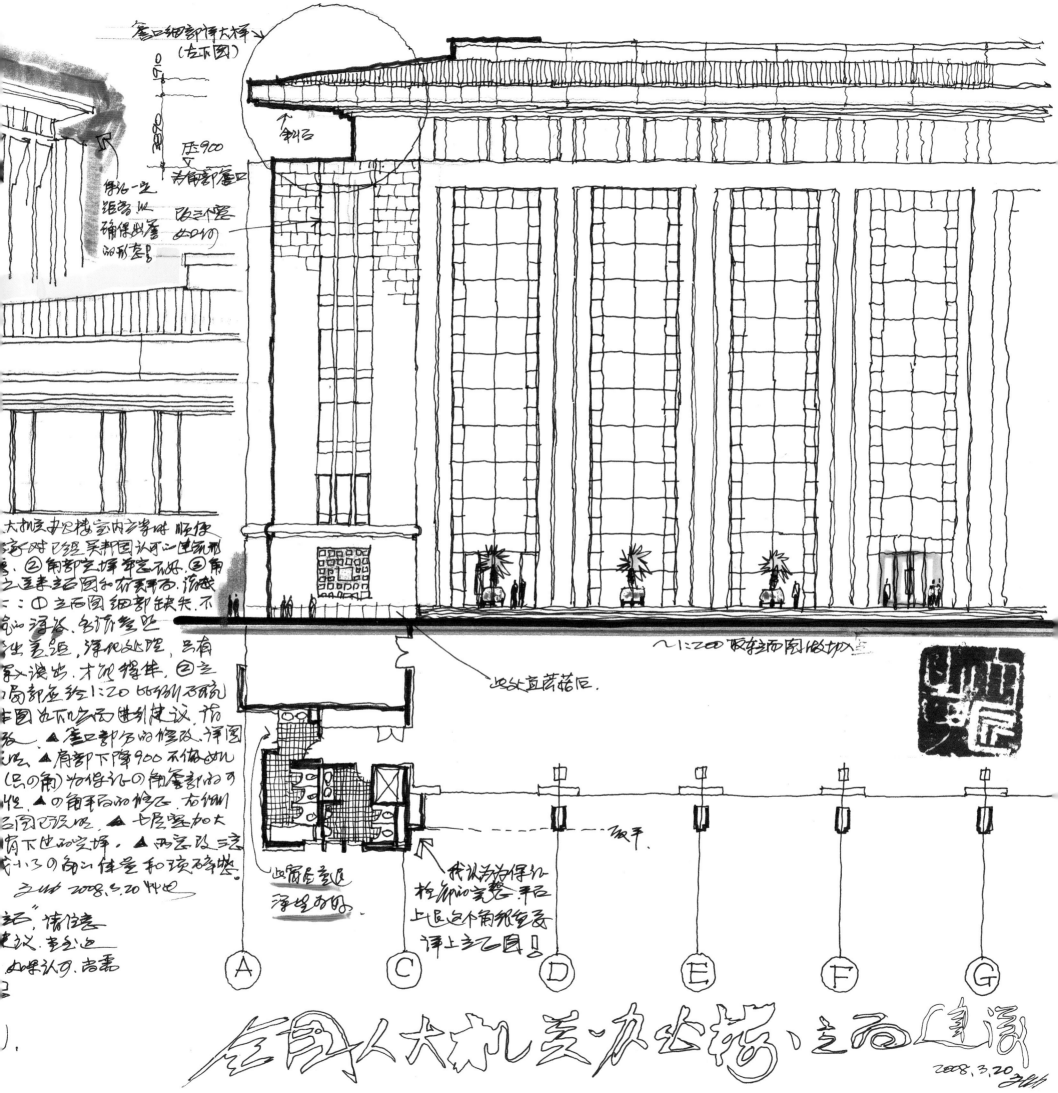

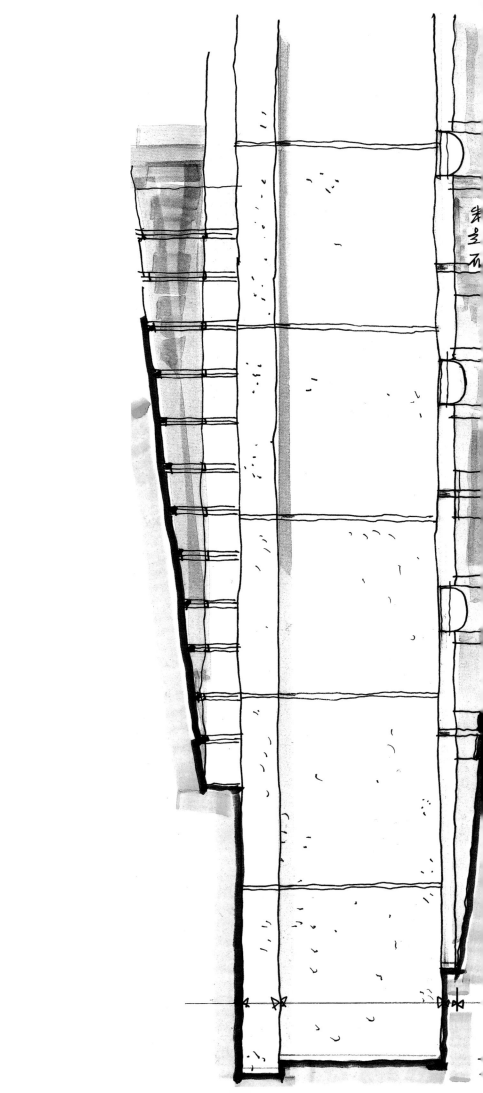

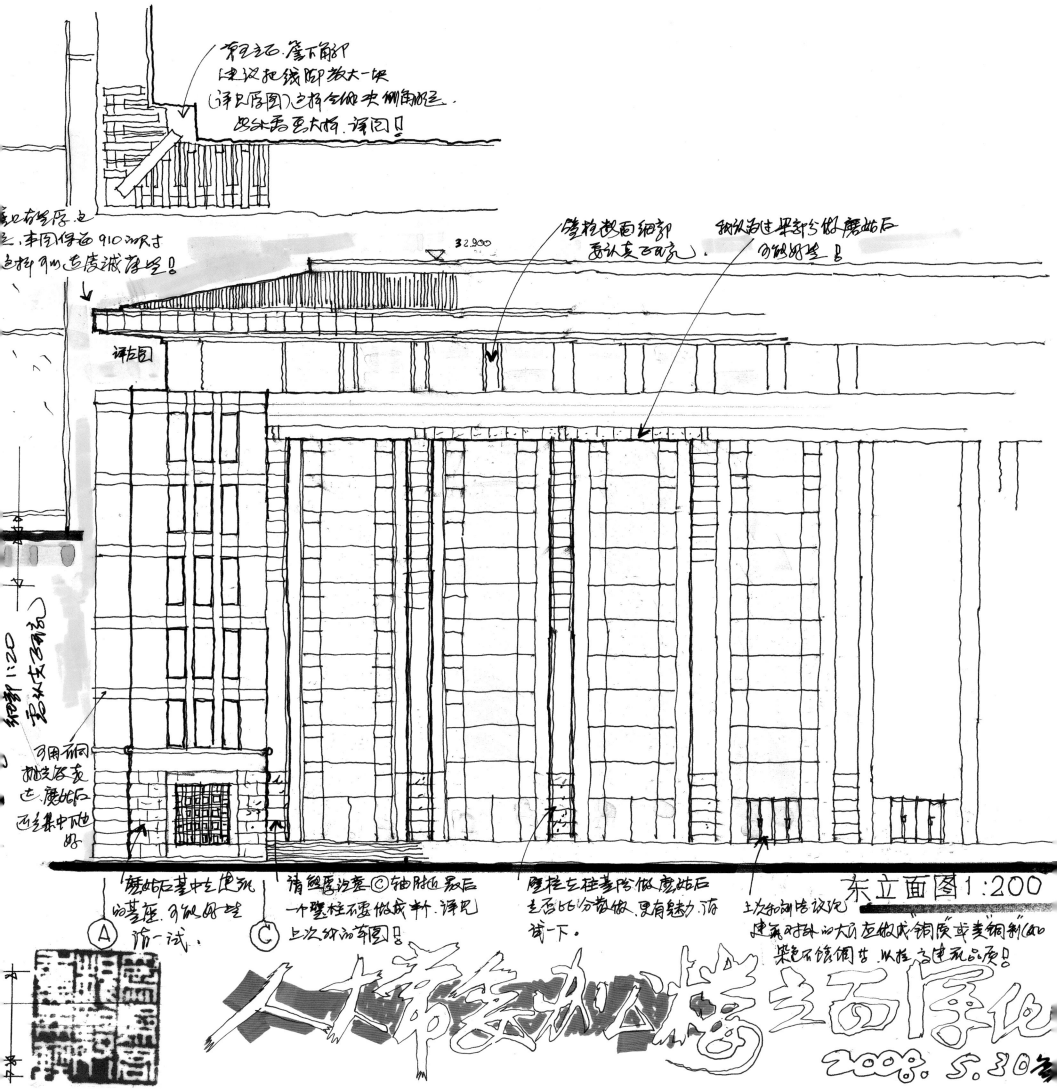

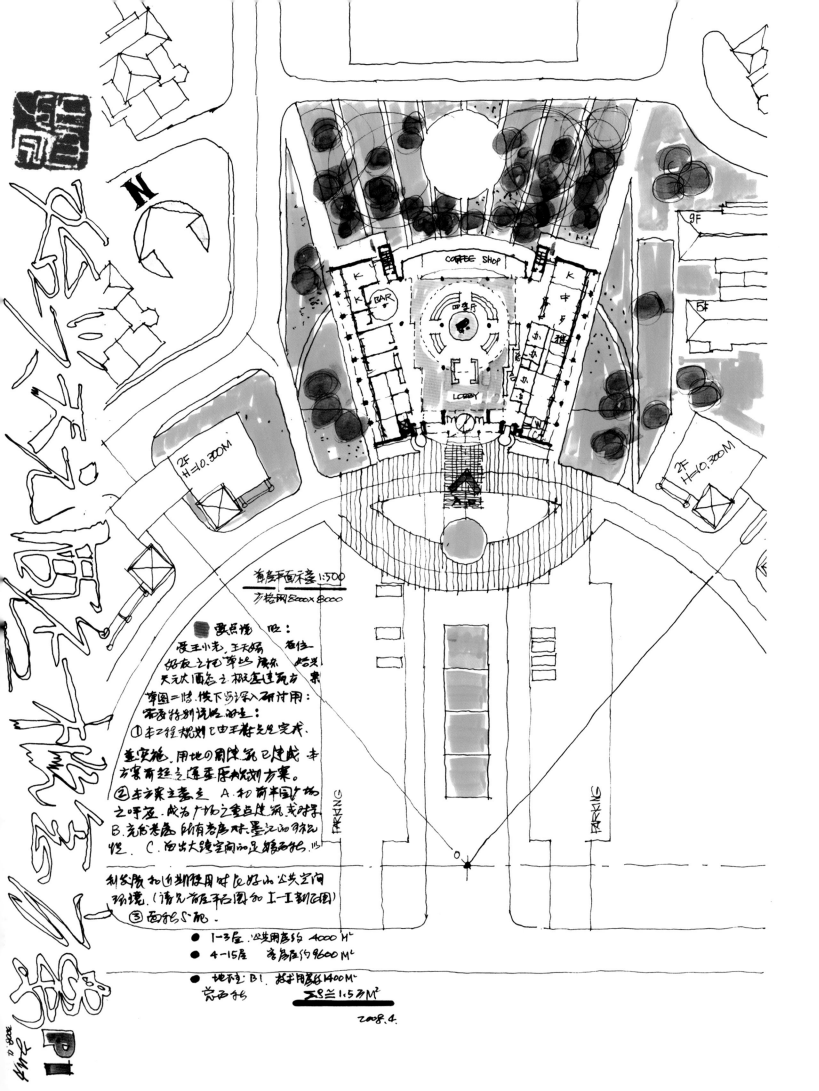

COFFEE SHOP

BAR

LOBBY

9F

5F

2F H=10.30M

2F H=10.30M

PARKING

PARKING

N

O

首层平面示意 1:500

方格网 8000×8000

● 要点提示:

爱王小兆、王天娇、各位
好友之托、草此广东 始兴
天元大厦之概念建筑方案
草图二帧、俟下另深入研讨用:
需要特别说明如左:
①本工程规划已由王老先生完成

● 实施、用地的周陈第已建成 本
方案前赶之逢乘原规划方案。
②本方案主意之 A. 和 前半圆广场
之呼应、成为广场之重点建筑 或时景
B. 亮的巷居 所有各居味、墨汪如 9可
性. C. 向出大踏空间而呈 螈石郭 心

刻各版 和近期使用时有好小公共空间
环境. (请先·首层平面图加 工-工剖面图)
③面积分配.

● 1-3层 公发用房约 4000 M²

● 4-15层 客房住约 9600 M²

● 地下室 B1. 坟术用房 1400 M²
总面积 ∑P≈1.5万 M²

2008. 4.

140

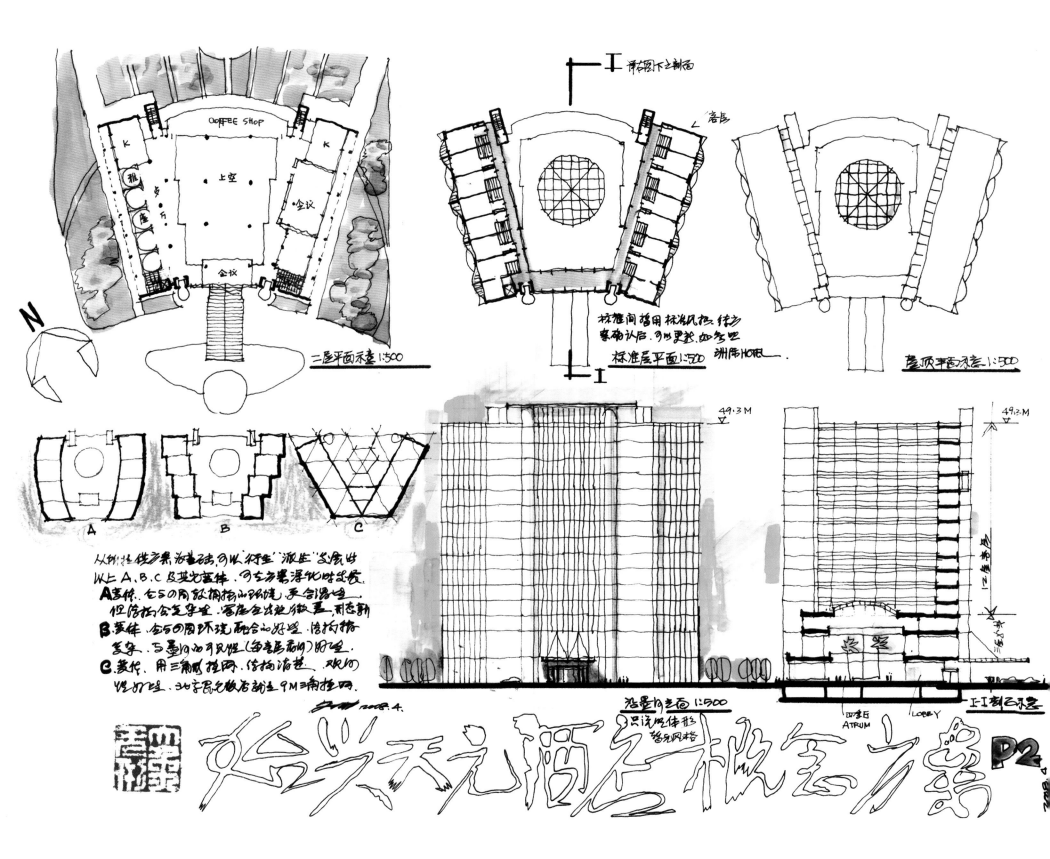

COFFEE SHOP

K   上空   K

会议

会议

二层平面示意 1:500

N

I

I

标准层平面 1:500 洲际HOTEL

屋顶平面示意 1:500

A   B   C

49.3M

49.3M

浅墨的立面 1:500

I-I 剖面示意

中庭ATRUM   LOBBY

141

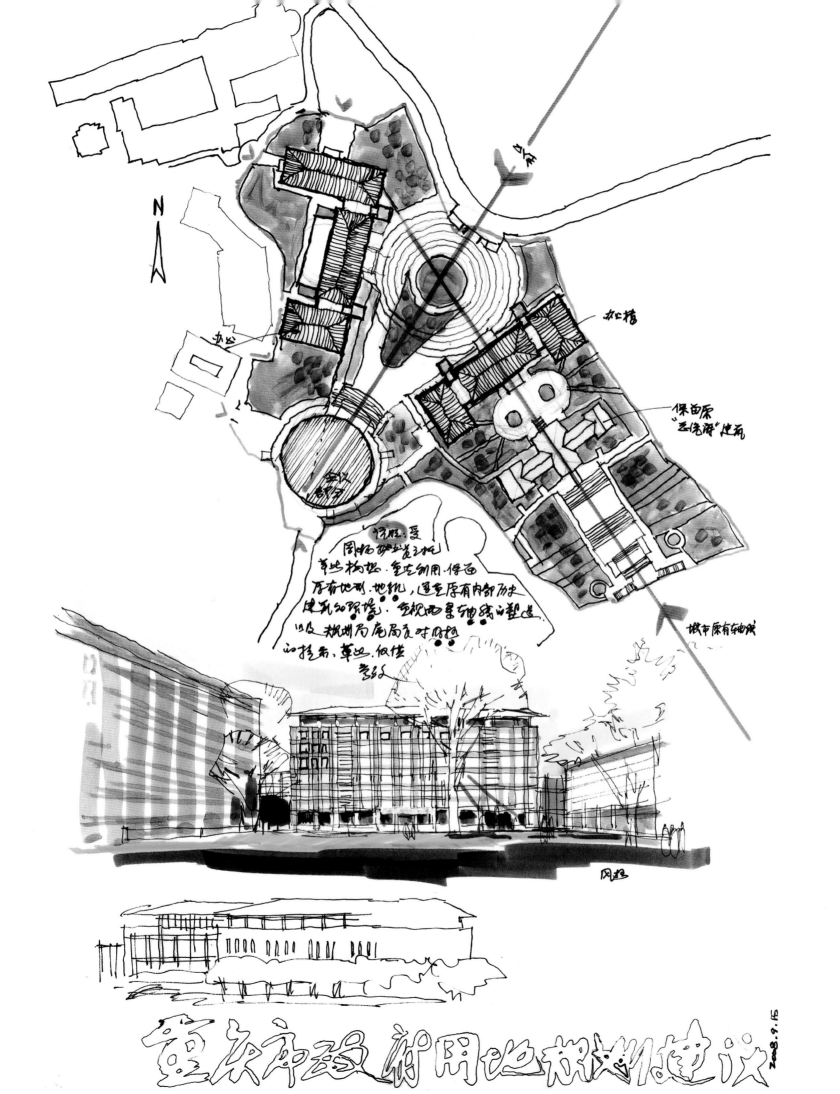

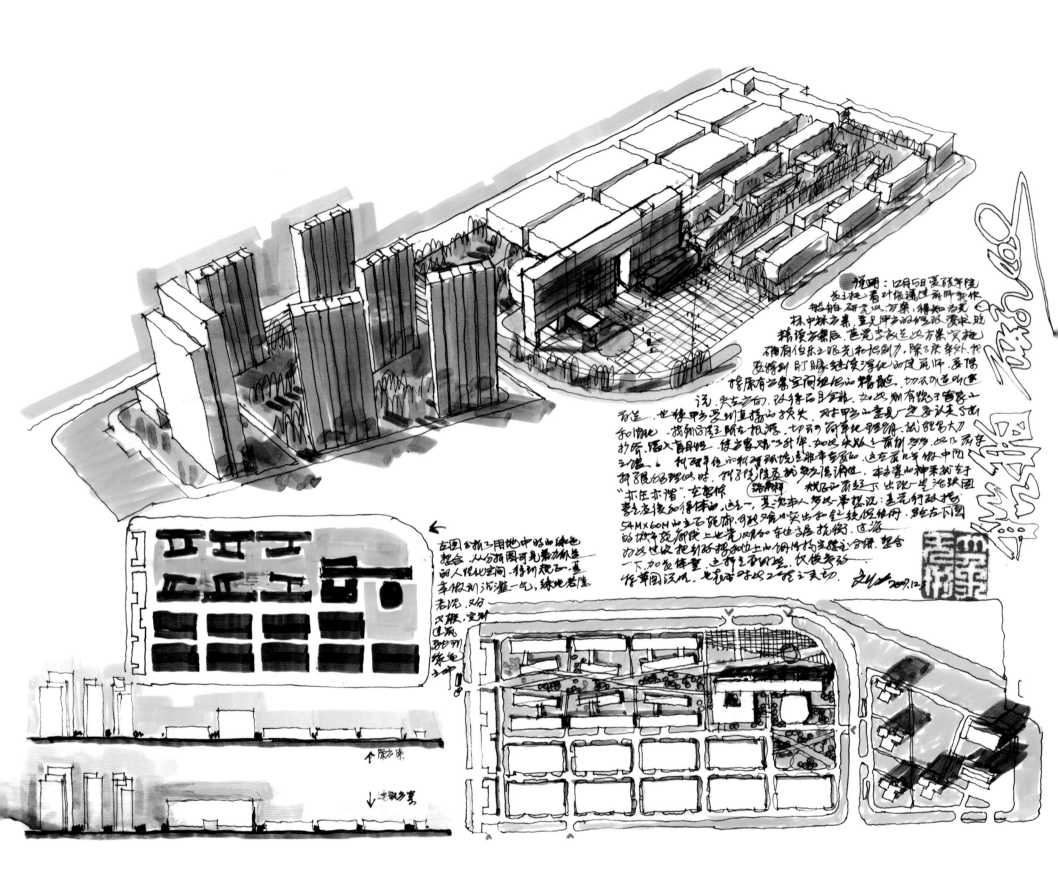

143

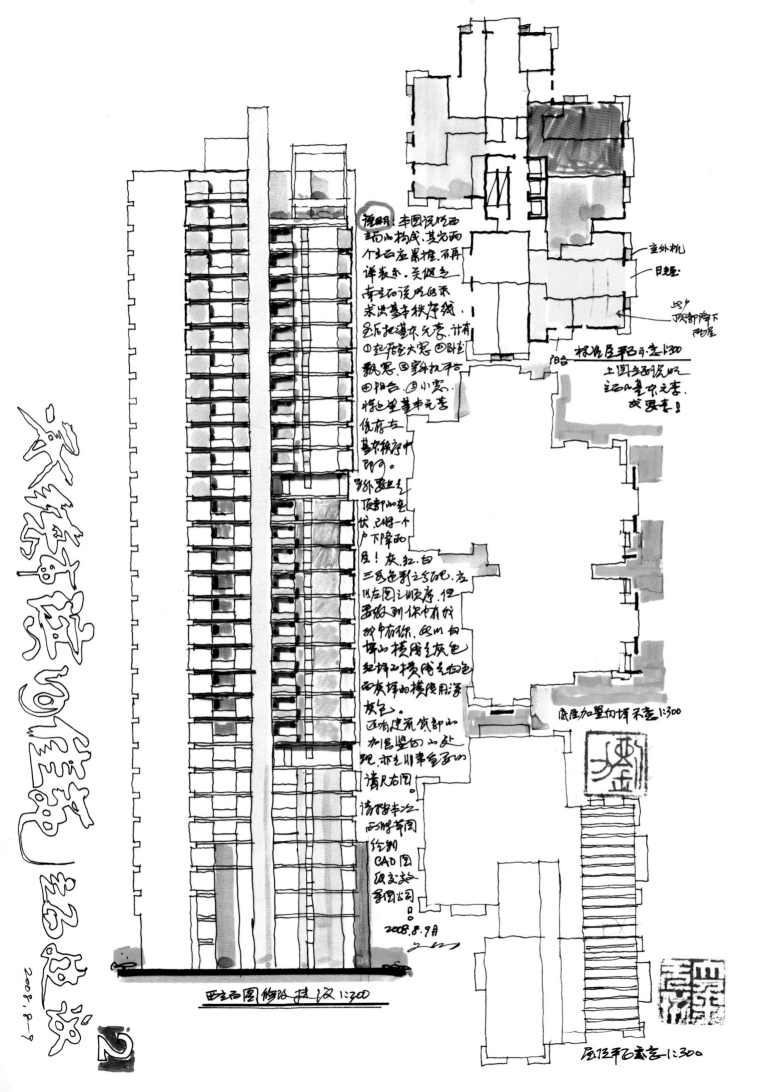

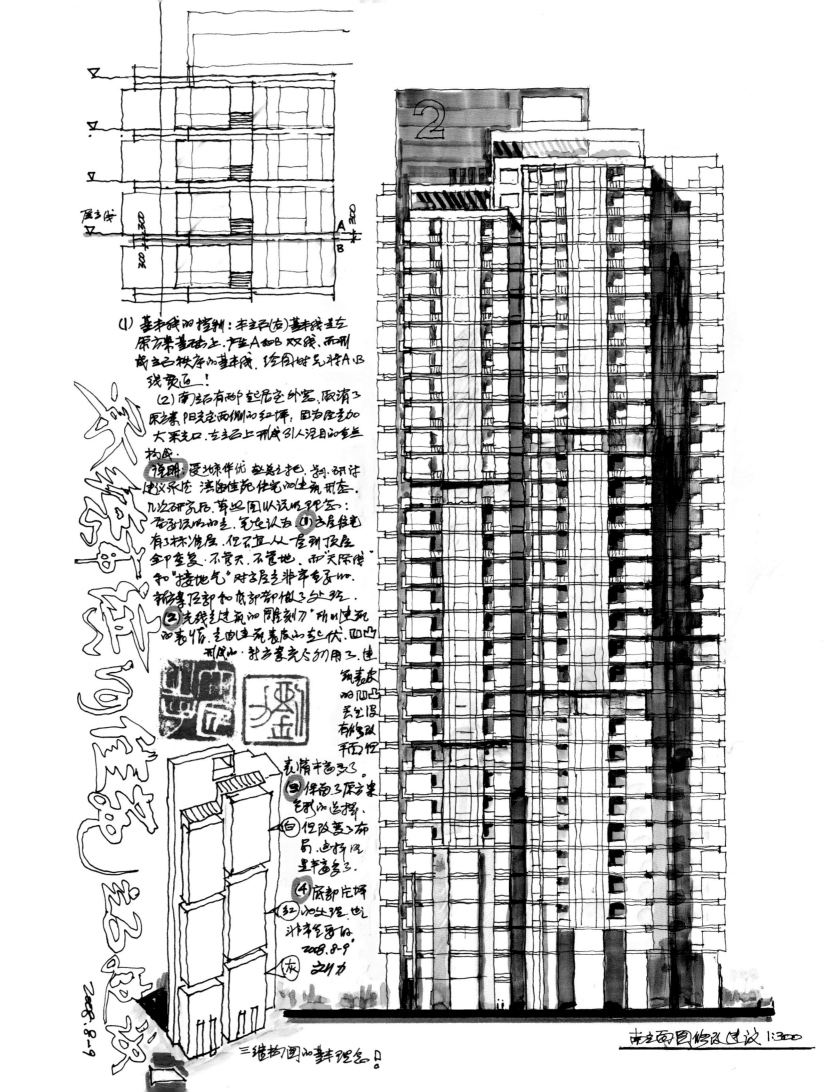

（1）基本线的控制：半主色（左）基本线主左原方案基础上，产生A和B双线，而形成主色秩序的基本线，绘图时气持A、B线竟面！

（2）南立石有部分起尼色外突，取消了原方案阳台定两侧的红墙，因为屋主加大采光口，左主色上形成引人注目的竟点构成。

说明：受地珠华优赵美主持、尝、3月注建议采作该润佳苑住宅的建筑形态几比研究后，草出以以认识理念：左孩该的加亳、气也认为（1）高层住宅有3种准层，位石宜从一层到顶层全印卓复，不竟天不竟地，和"天际线"和"接地气"对高层是非常重要的，新孩事顶部和底部都做了处路。

（2）先践主建筑加雕刻刀所以使死的表情，主向建筑表底从起伏四凹形成山、封为竟完初用了，建筑表底的凹凸竟也没有松改平面的

表情丰富多了。

（3）保留了原方案毛璃加这搭。

（4）位改善了布局、建搭凤里丰富了。

（4）底部片墙

（红）加火理也非常重要的 2008.8-9 立本力

（灰）

南主面图修改建议 1:300

三维拉1画加基本理念！

2008.8-9

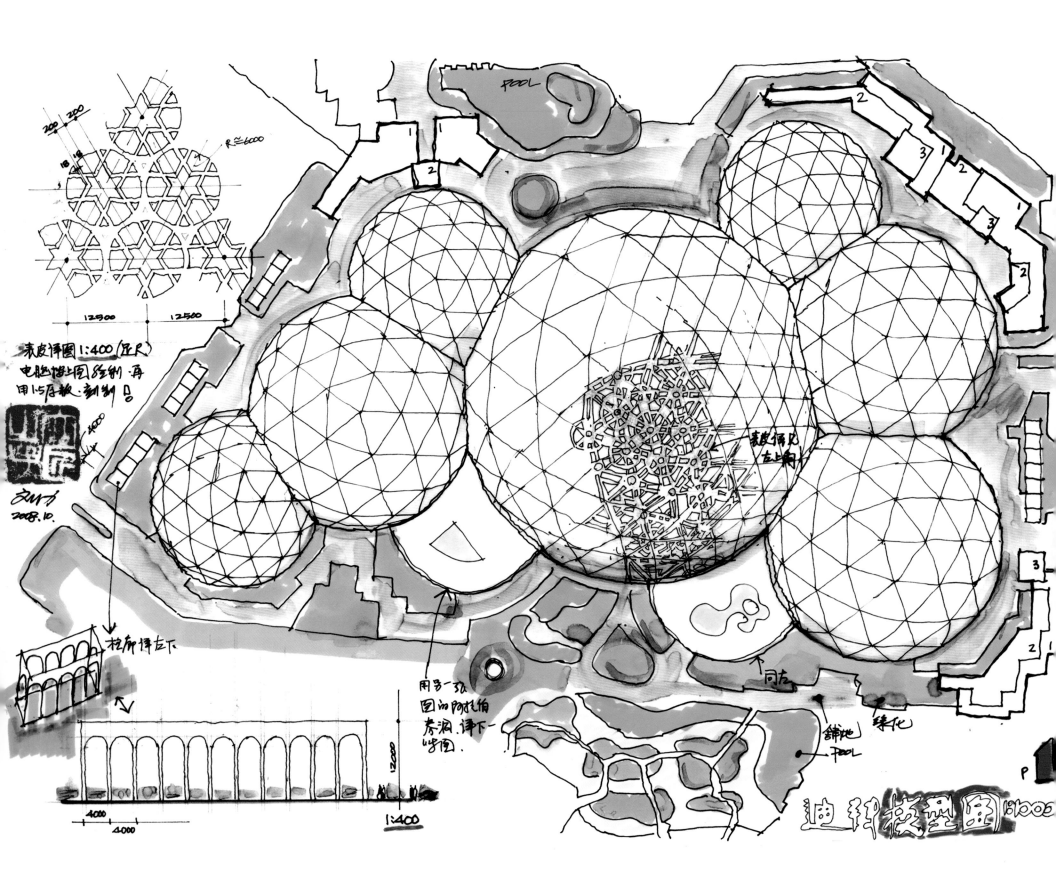

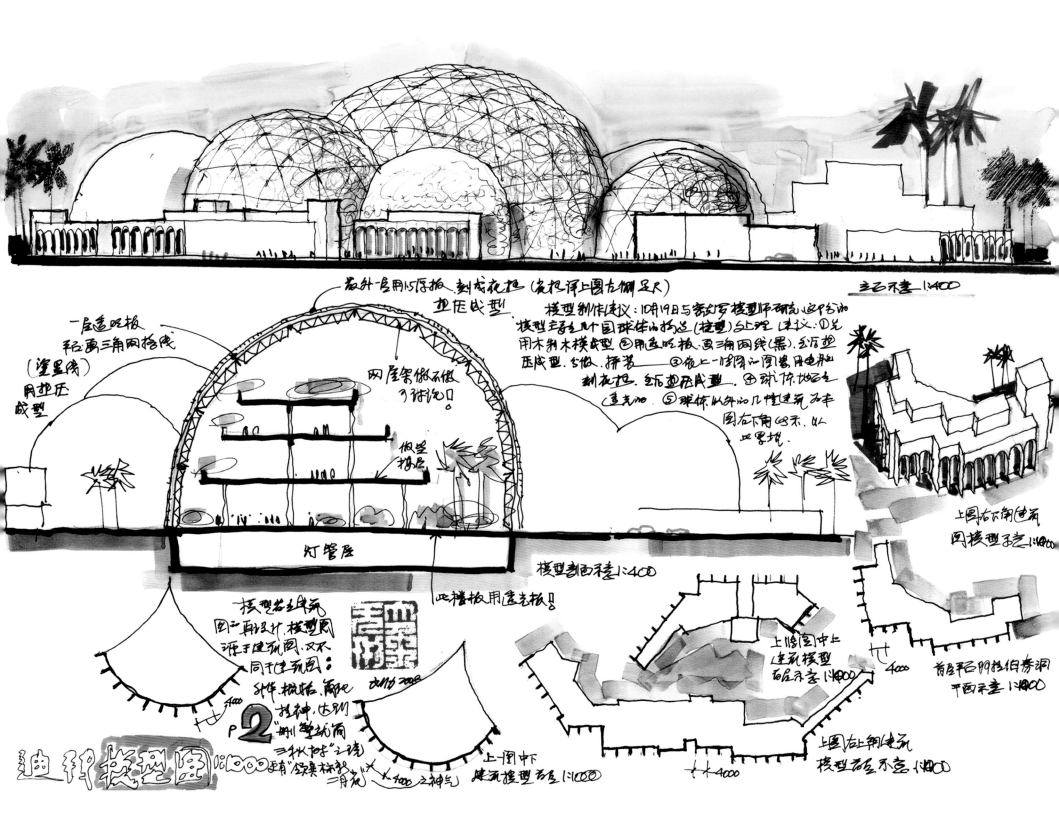

147

北立面东侧示意 1:400

方案说明:

2008年11月10日接到图形业主委托. 草此大兴高端立面幕墙设计. 2栋203M². 平面. 三个立方案均已批准. 不得动. 主而原有设计. 甲方意见为: ①立面分外放砖. 整体形象不得高出10的项目. ②政府大厦的协调（政体使形此放在至. 语言统一. 朴素大方. ）此外没有更详尽的引导性.

意见. 可以道寻. 本人认为结合二线城市的情况、设计方案定考虑如下几方面问题. ①在立体体型比较呆板情况下. 如何使建筑更有表现力. ②尽量控制玻璃P分. 使环保. 功能. 形态三者有平衡点. ③建筑形态亦庄亦谐. 既有独有性. 地域性. 又能与周边生气协调. ④功能和形态. 创立加线一. ⑤成本控制. 综上述思改. 革此外形方案. 仅供泡（接下页P2）

文XX 2008.11.15

鄂尔多斯大兴萌都达石方案F

设计说明：接上页（P1）

本建筑功能为建筑形态提出如挑战主要功能多有商业、餐饮、说唱、公寓、会所、酒店等，以上不同功能对开窗的要求不同。如若层开窗要均匀，而堂生厅、商场要交通坪，如果不做处理，立面就会显得零碎和凌乱。②建筑大型（体、已研定）没有修改余地，而在体型的效果报高要在建筑表皮处理时加以调整和改善。为此丰方案，所利用

的基本建筑材料（外墙）有4种。(1)玻璃和部张洲幕墙。(2)铝板实墙。(3)铝合金竖条(4)向割天然石材。基本材料语素有了。然后利用一种语法或章法，把以上材料、合理组织起来，形成一种风格。这个章法就是竖向的象形码：追求一种纸窗时代感的形式。

北主面、西侧系客 1:400

在功能上合理的、地全依照不同功能房间以不同开窗要求、或实或虚、或闲或透运用自如、西建筑主体形象求庄严谐协从特形成该地区为主区、尽显高掀的与时俱进的高品味和气度。

2008.11.14

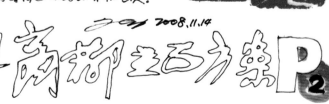

鄂尔多斯大兴商都主石方案P2

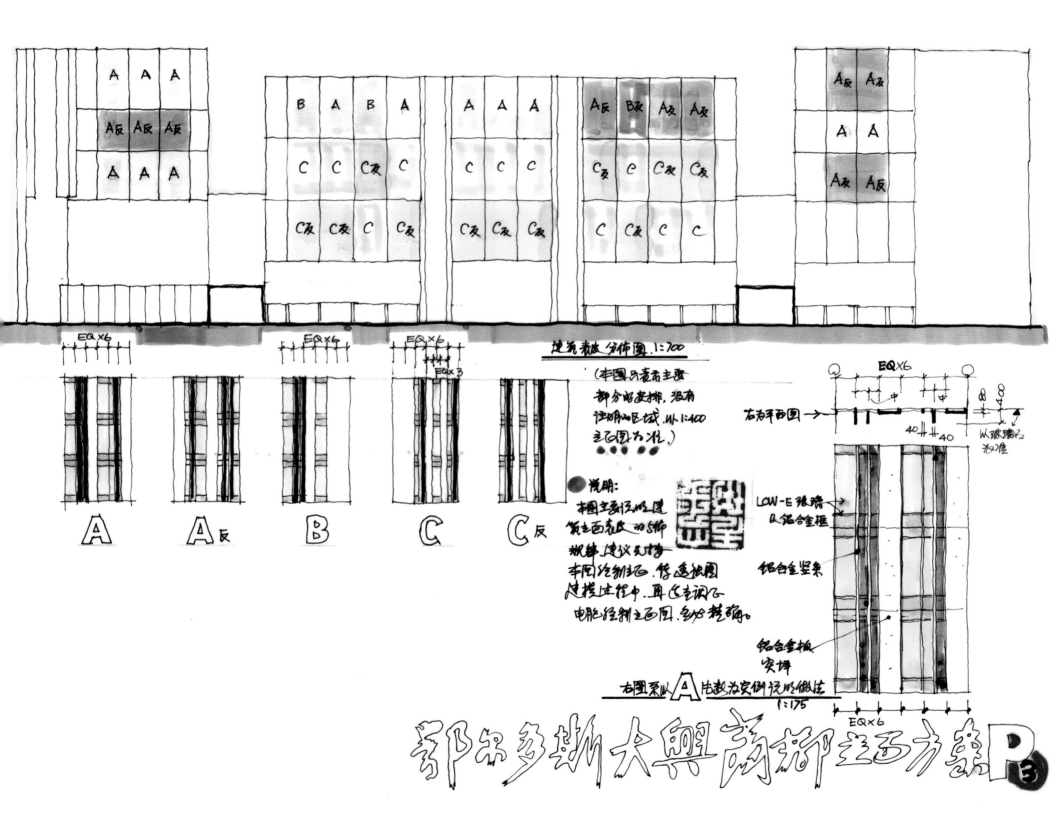

建筑表皮 分布图 1:700

(本图只表示主要部分的安排,没有注明的区域,以1:400主立图为准。)

说明:
本图主要汇报建筑立面表皮的5种规律.建议在将本图绘制好,你选取图进一步进行中.再选主调在电脑绘制主面图.会以控制.

右图系以 A 为数为实例说明做法 1:175

LOW-E玻璃及铝合金框
铝合金竖条
铝合金板 实墙

A   A反   B   C   C反

EQ×6

右为平面图→

鄂尔多斯大兴商都建筑方案 P3

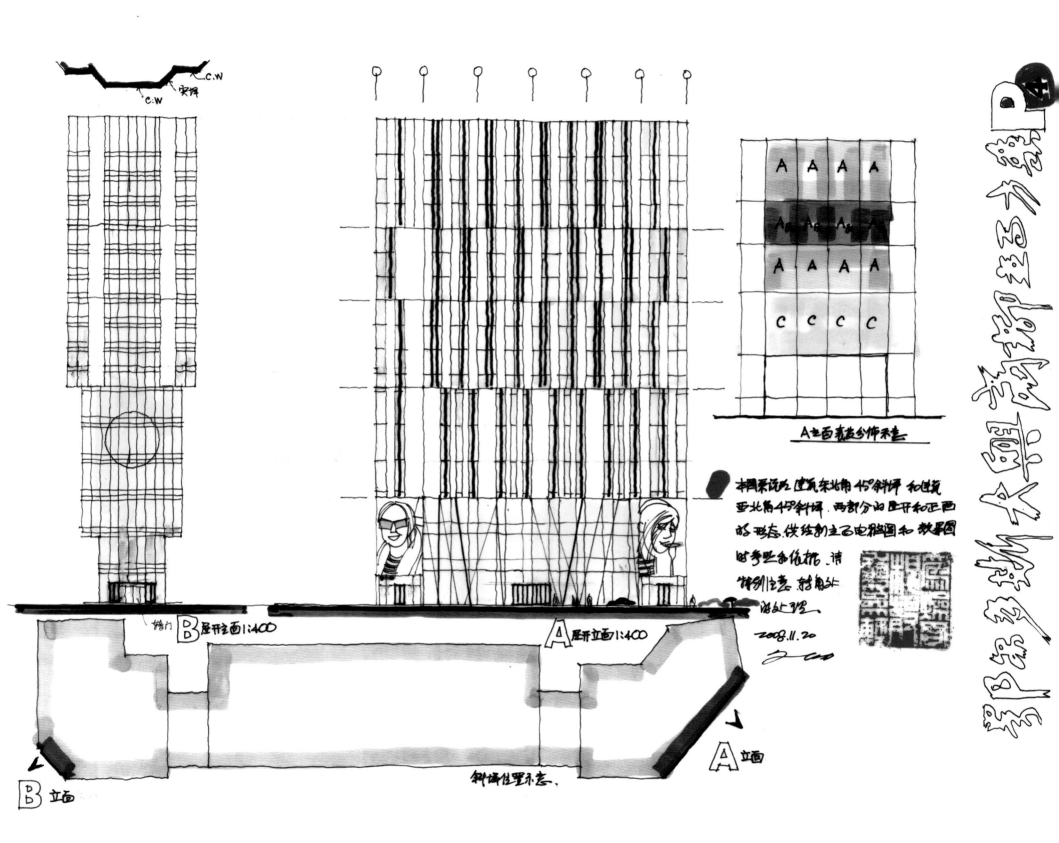

151

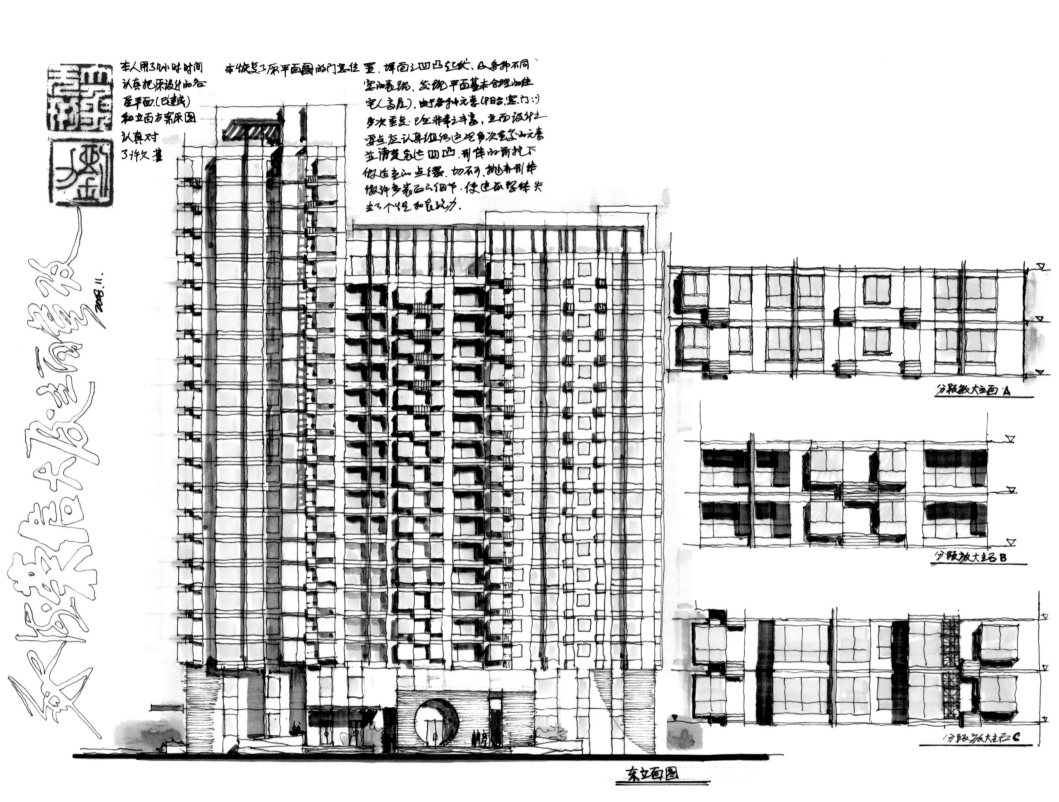

本人用3小时时间认真把床设计的台座平面(改建)和立面方案床图认真对了许久画

本恢复了原平面图的门具住置，墙面山凸凹红状、及各郎不同空加素殊、乡绐平面基未合理加住宅(高层)。如各郎利元素(阳台、窗、门…)多次重复、陀非常丰富、立面设外立要点应认真组绐这些多次重加元素并清楚起此四凸，刑件加前托下做些空加点缀、切石、挑右刑件做许多类石山细节、使连面整件失山个性和吸吸力。

2008.11.

东立面图

分段放大立面 A

分段放大立面 B

分段放大立面 C

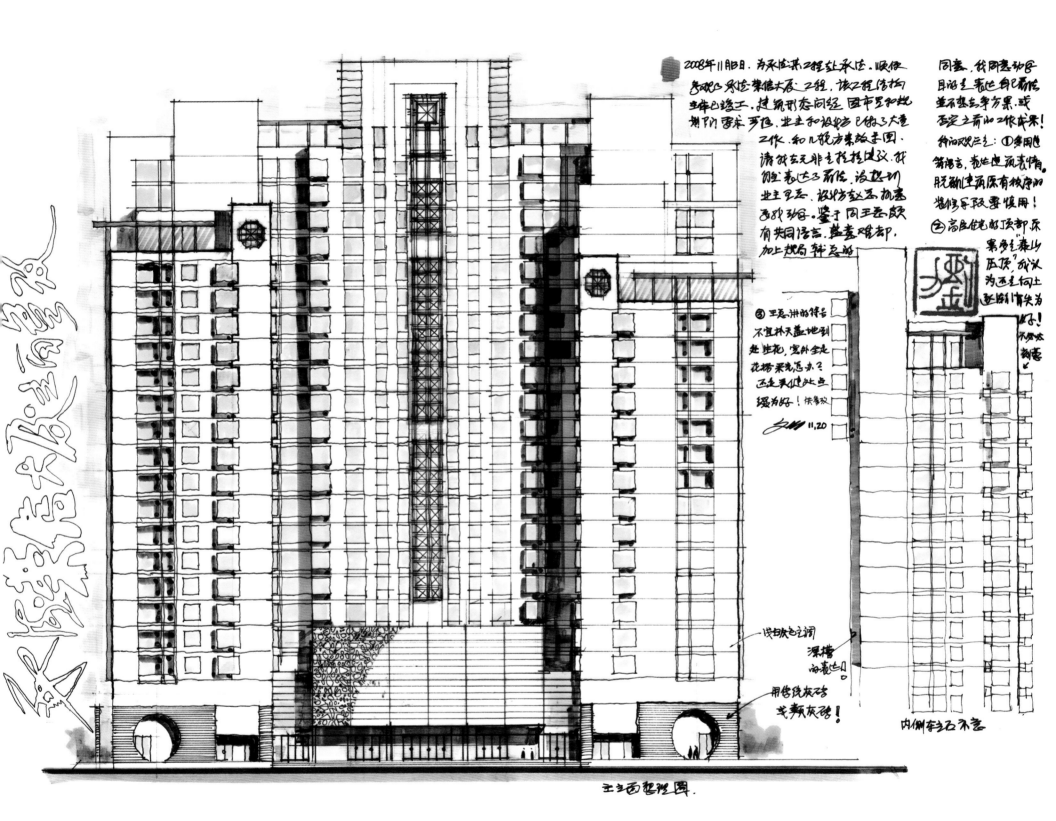

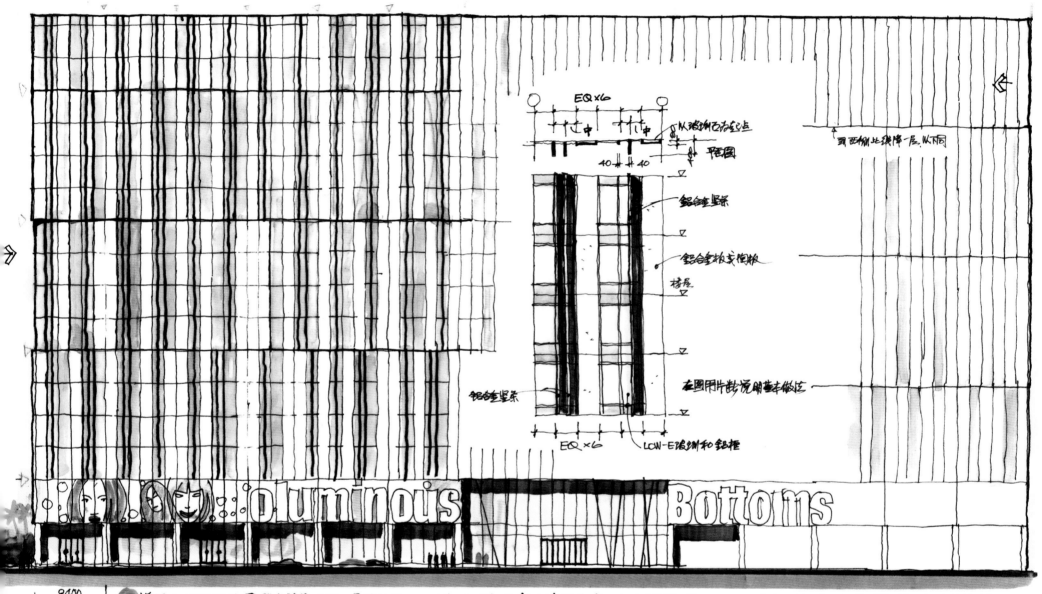

EQ×6

40 + 40 平面圖

从玻璃幕墙至此

到西侧北线墙一层,以同

铝合金竖桥

铝合金板支座板

楼层

在图用片影现明基本做法

铝合金竖桥

EQ×6   LOW-E玻璃和铝框

8400

说明:2008.12.16受张李院长立托,委婉反复安排.草根松林里商业楼工程之方案.鉴于原有方案平面间还较多.三处正立面正平面图.为节约结构,在平面风动运薄.气层原平面施廊.和柱网的垂石志上.(原平石乾那院

刘已按方法)气栓出进筑表皮的初步设想,俄三次同作们参致.做的变化主.本使气体型较革纯.所以高度可以色美丰高生.另外建义外择好柱

连志出挑生,外择不宇文柱.幺如出挑险.9以价曲进,出.依挂或高焰午均生.如何出挑待玄姜.宋女生.电脑图故未时再议.刘万革比

北京松林里小区商业楼

2008
12月18日

154

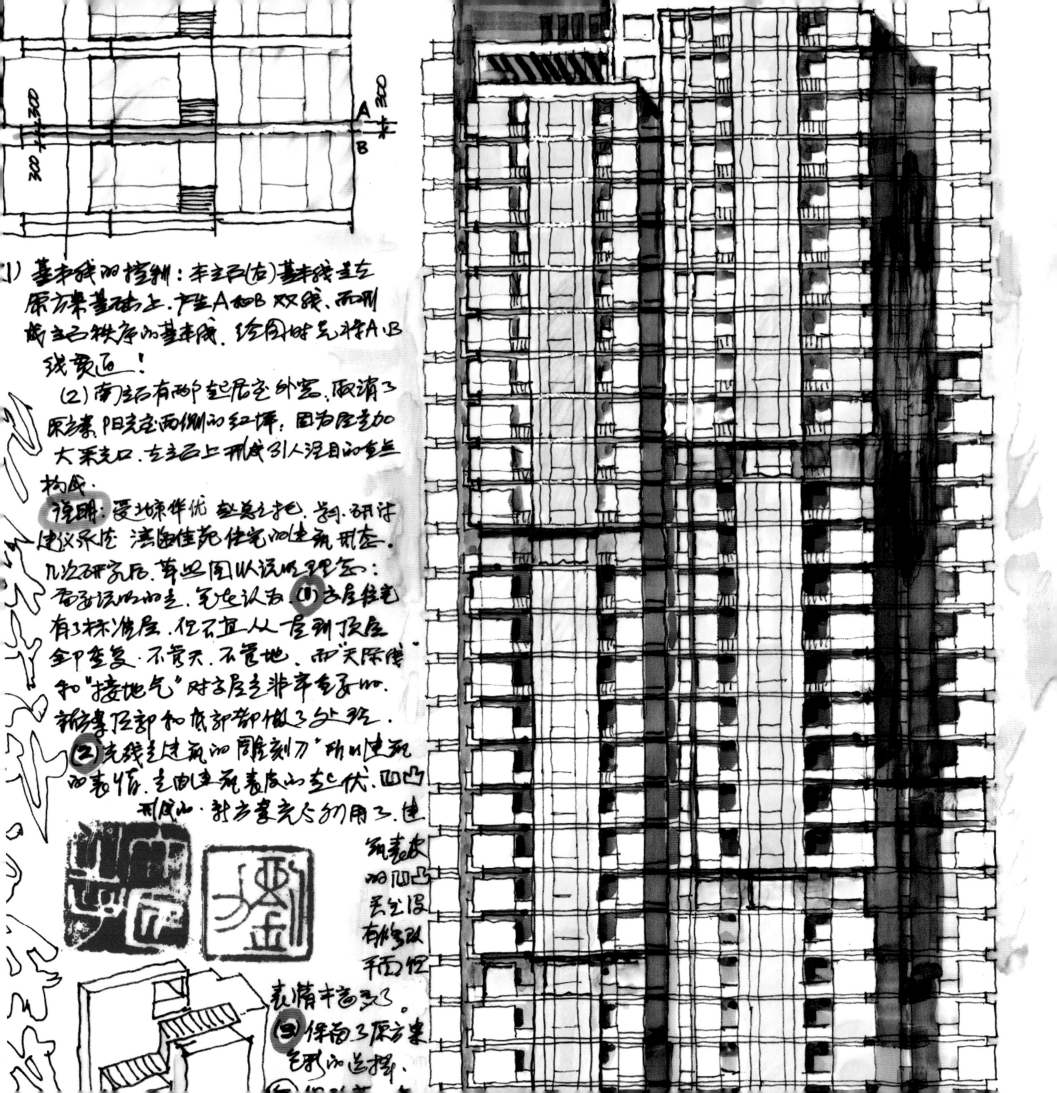

东立面图

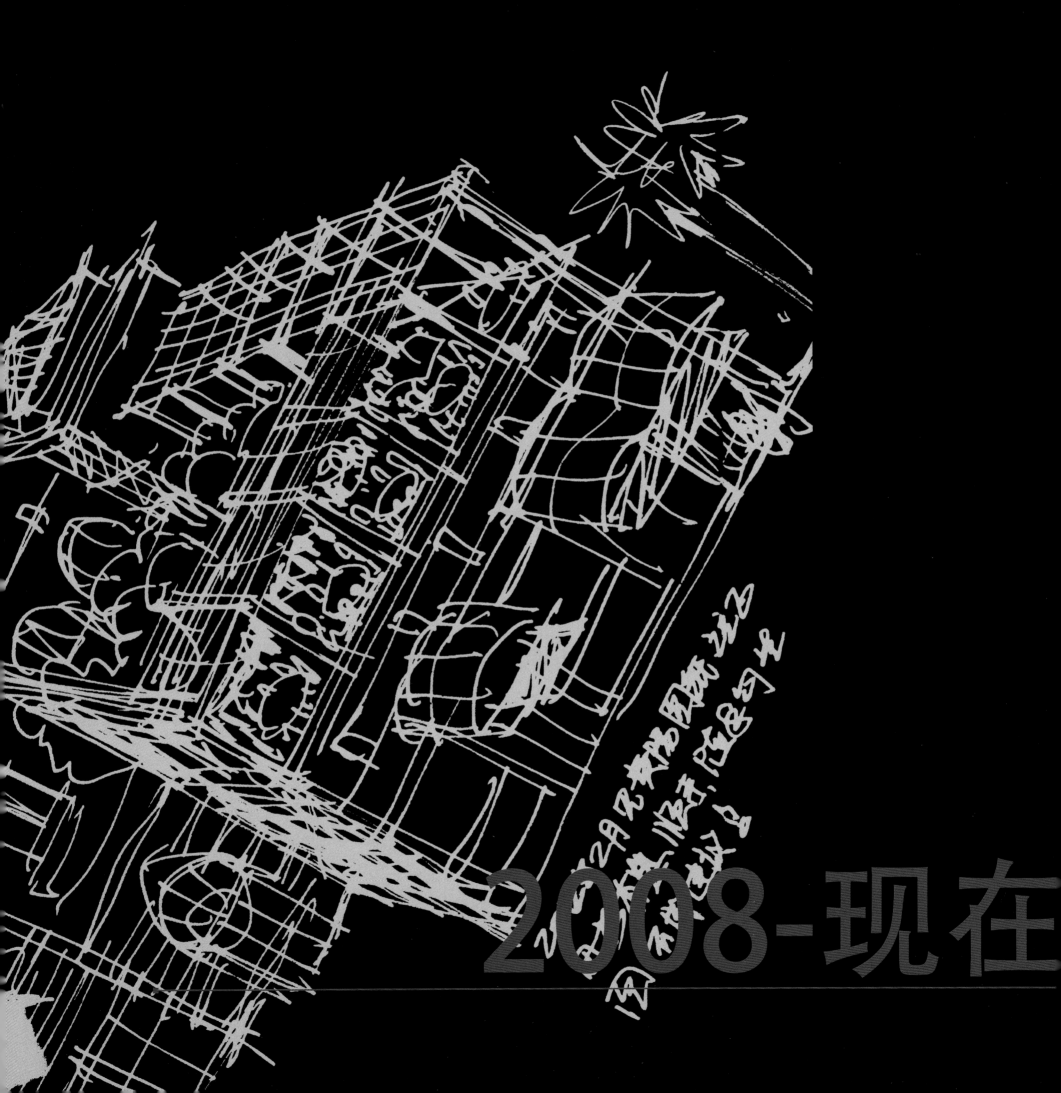

2008-现在

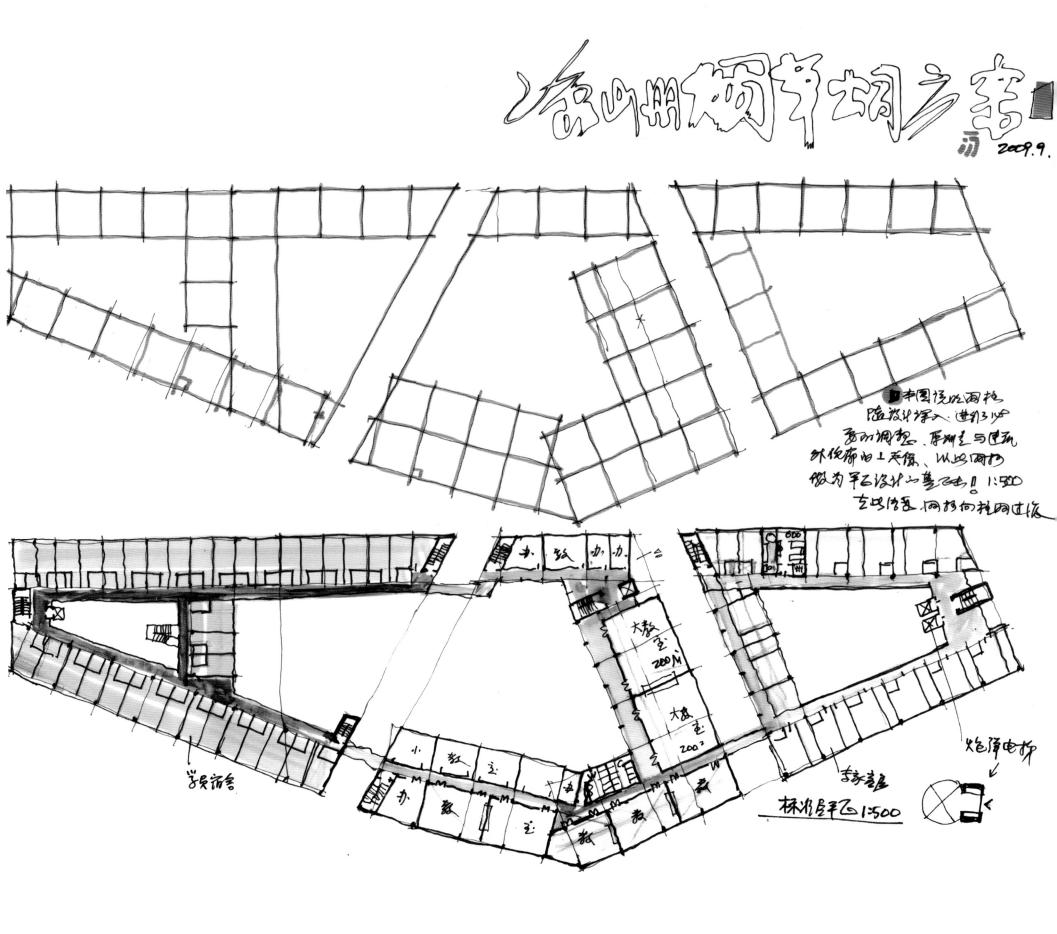

157

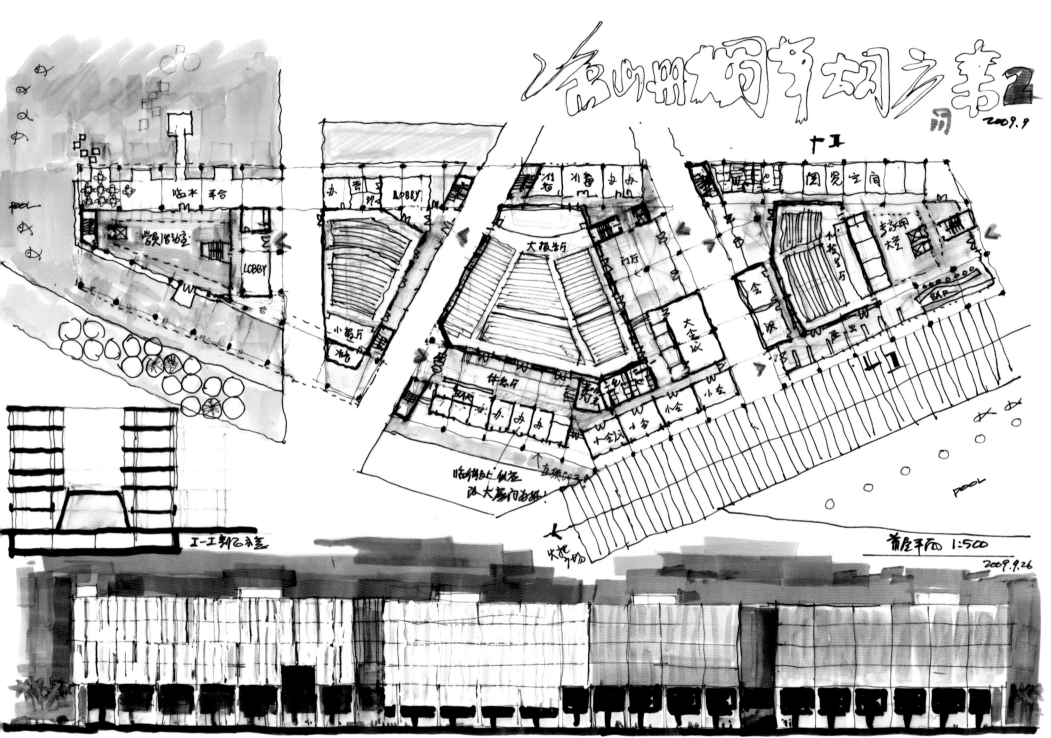

158

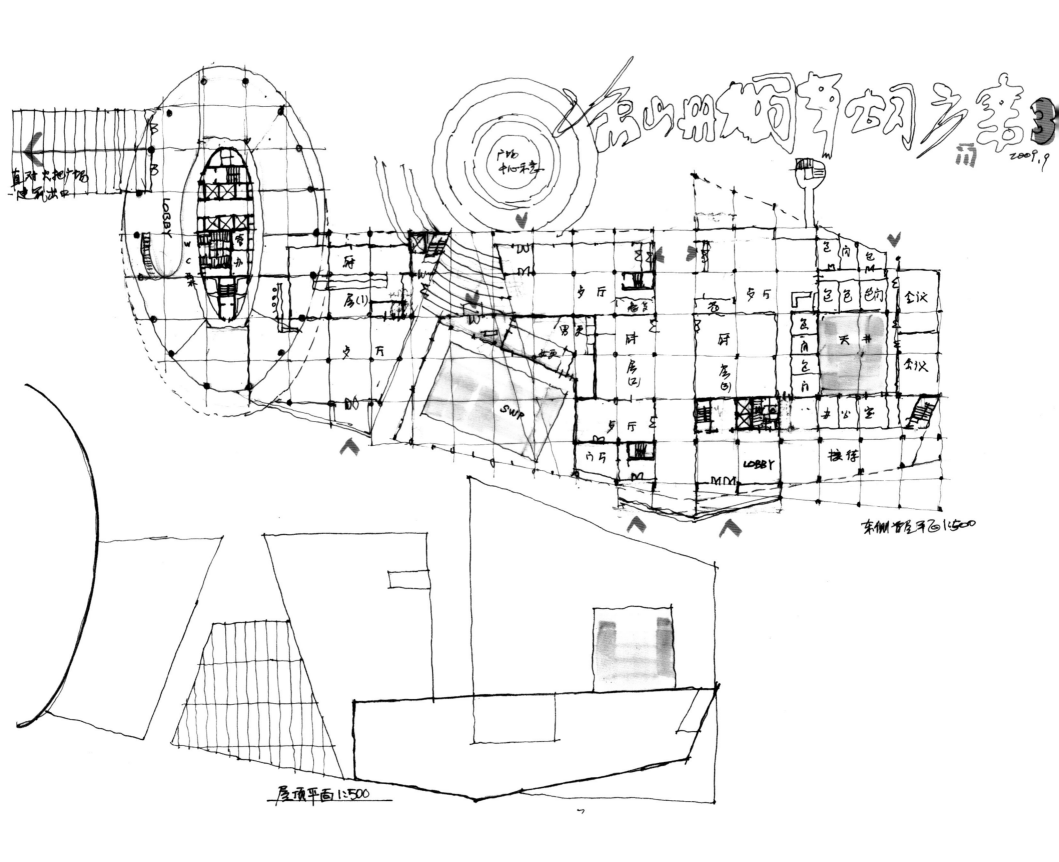

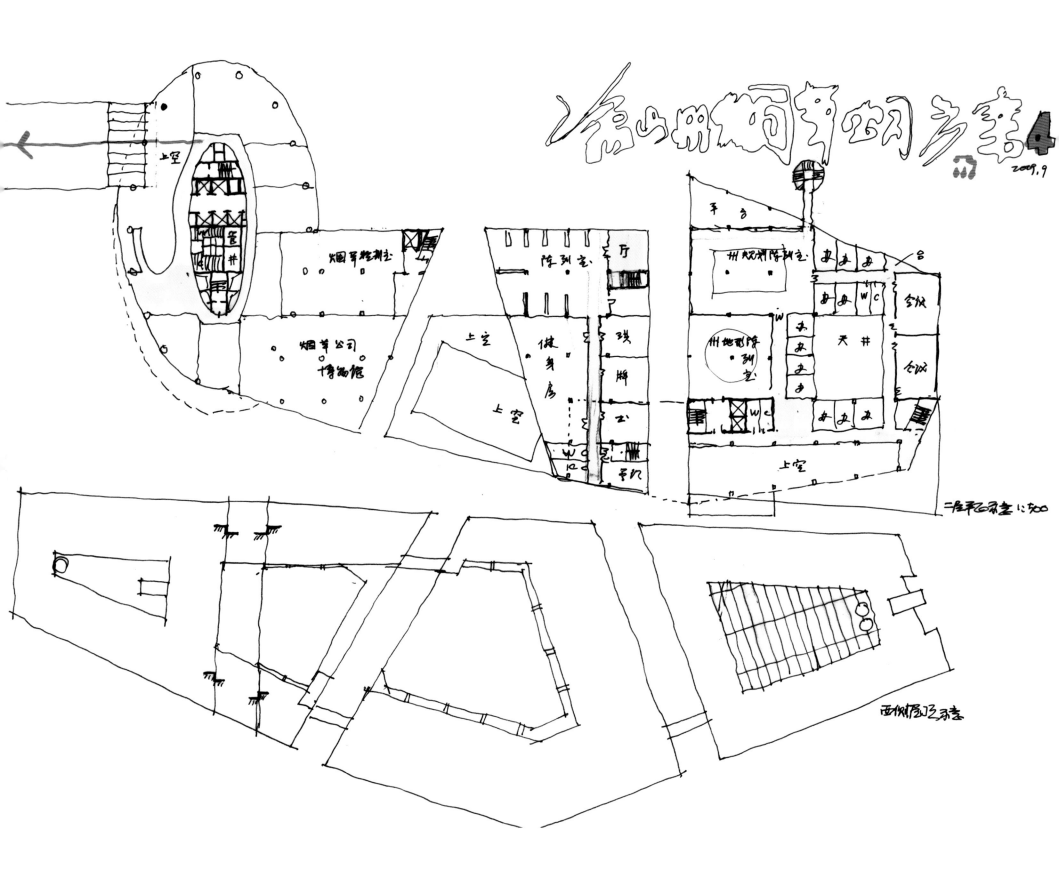

嵩山州烟草公司方案 4
2009.9

上空

烟草烤制室

烟草公司
博物馆

陈列室 厅

上空

健身房

州地形陈列室

天井

会议

会议

州地形陈列室 34室

WC

上空

二层平面示意 1:500

西侧楼房示意

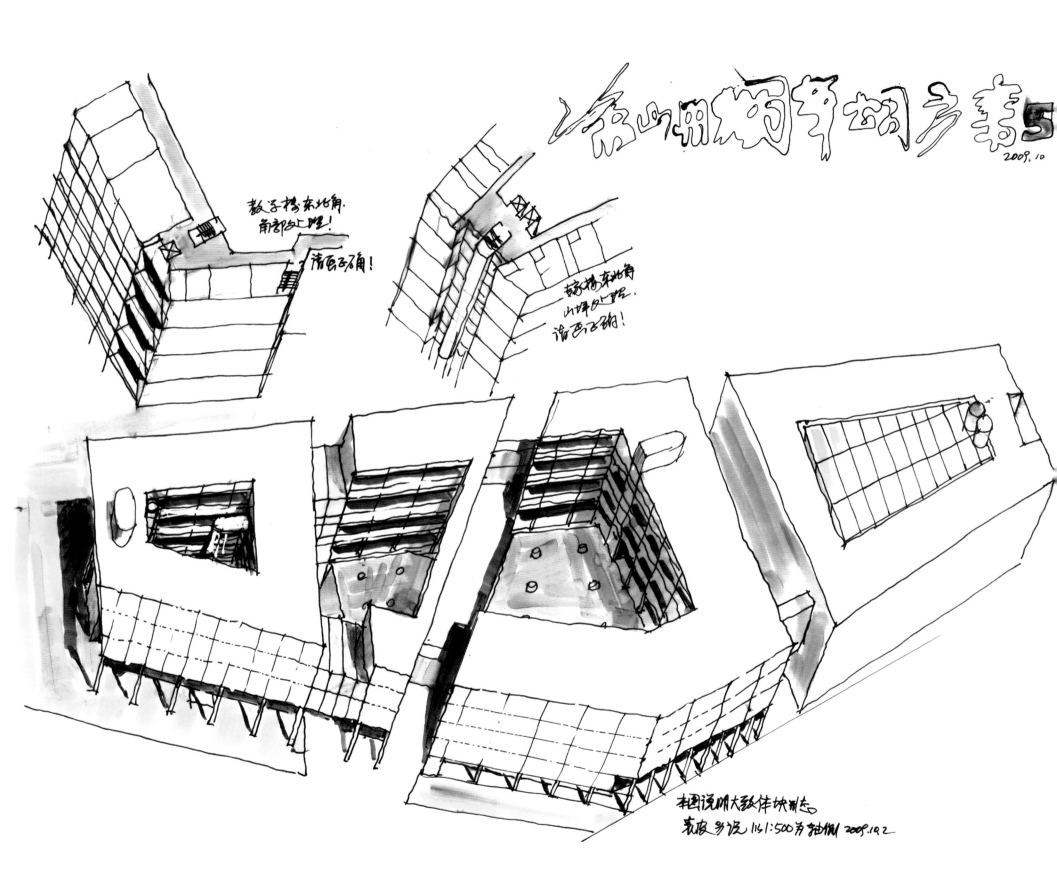

图章中文字为老子语："重为轻根，静为躁君"．笔者斗胆
在形态的视觉禁忌中，此句解释了稳重与轻巧，宁静
的少许关系．本人理解为：想轻巧吗？就得稳得住
挖丰富．想求欢吗？那千万别忘记宁静，千万别因
而失之于浮燥，如此那样没就有层次。

北京的会台会议中心，的建筑形态去去年
年底，元旦前 他们大汇纳了三个方案向业主
各位领导去的会会快了汇报．会上确定
了在坡顶方案上发展．今年初我们又做
了几轮细节的探索．我觉的还没有充些进
到会台国家给会像中心加气质和格调．完
其原因主是多地从日位，花框，局部，恩玖，附起何

北京

考虑不多。果里成先生说过"建筑意"的概念，他认为建筑的意境个性、性格、品味、格调、情调在建筑之外，对我们建筑师做规划来说，他的区位、选址、局部、细节的思路都不是目的，而是达到某种目的的互互。所以，面对的烟台会议中心我们要追求什么样气质、什么样个性、节节认真足发，不要隔入俗忙的堆砌中。

去了西部068号Sketch UP图的基础图上草上透视图，目前还是研究大关系。给完后我的心得体会是：①建筑的简约之性色睿切，不能每个细节都去做文章。细部的形态还要取从一下室内功能。②是已前确定的为基型态最大特色是中国式的坡顶重叠和整场，此中些特色应该有。③主体空间（楼上、下的两个大厅）在建筑形体上应突出、也相当突出会议中心的个性之有别的。同时其它空间如内厅、前厅、休务厅，……甘支区框把空间应该从外表恰当的表也出来。这就是村布远的"建筑外部之内部的自会洽肴"

④坡顶的颜色丰富没有确定，建议用灰色或紫砂青的焦茶色坡的，仔考底。

⑤二楼大厅原来想挑出来，我建议把柱落下来，这样更符合大型大跨建筑的特征，从室内看内的草坪、绿化，这边是烟部这正中中口建筑的特色，烟部找了再框。

⑥级快会弘

戊川力2010之月

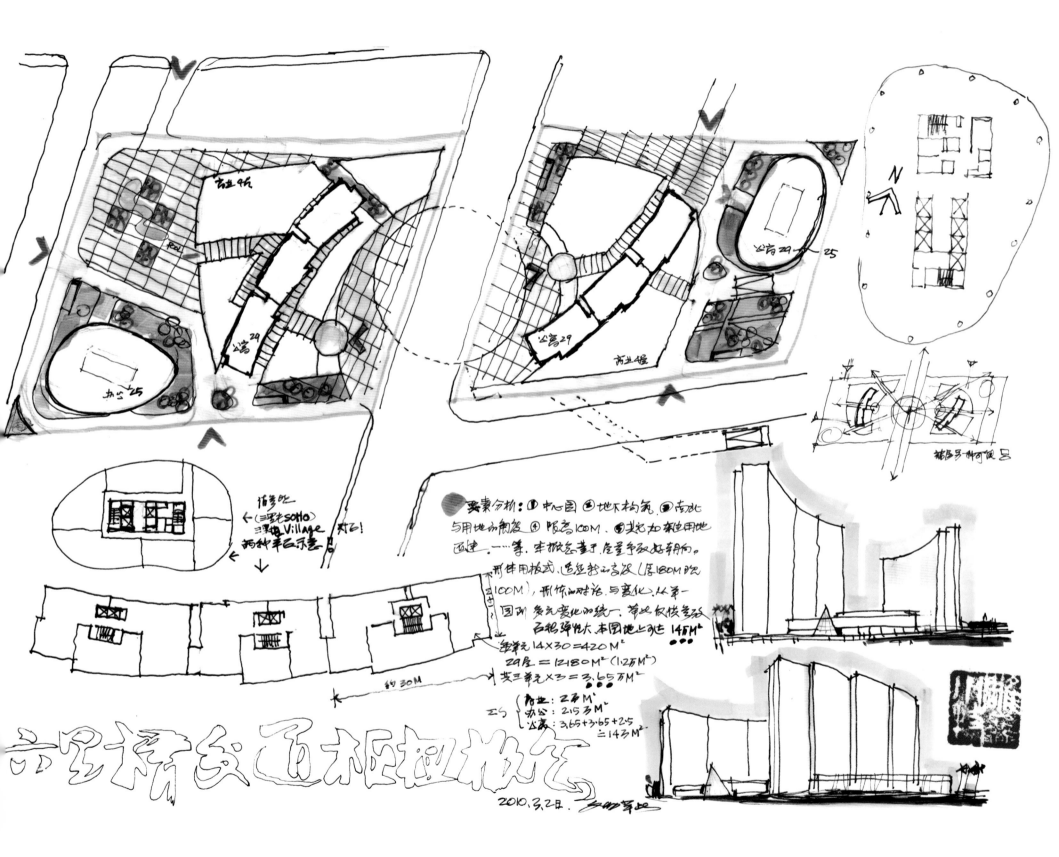

要素分析: ①中心園 ②地下构氛 ③南北与用地的制厸 ④限高100M, ⑤某北加本使用地面建...一等. 丰抵各基于, 尽量争取好朝向.

两件用板式, 适适我云高度(原180M改100M), 形体的对比与变化. 从第一圈群...多气变化的统一. 某此似快气氛石相弹性大. 本园地上规上 145M²

年单元 14×30 = 420M²
29层 = 12180M² (1.2万M²)
姜三单元×3 = 3.65万M²

{商业: 2万M²
{办公: 2.15万M²
{公高: 3.65+3.65+2.5
        = 14万M²

约30M

2010. 3. 2日.

164

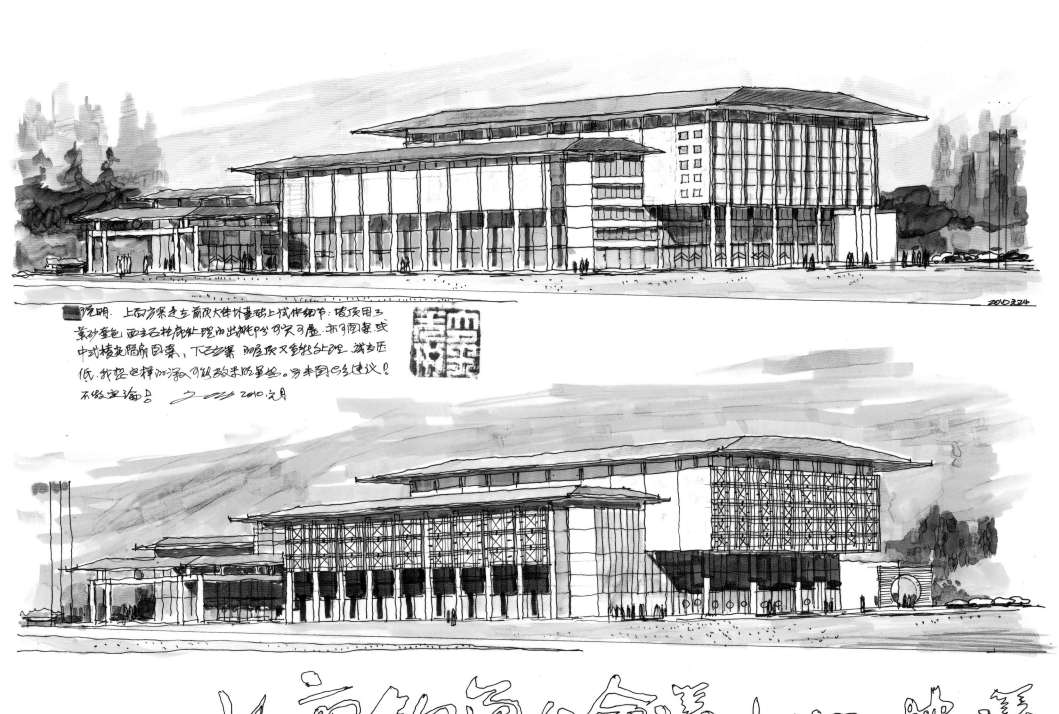

说明: 上面方案是在前顶大件外基础上试作细节: 塔顶用3
紫砂金色. 西主石柱处处理而出现部分石头习屋. 布可图案或
中式棂花隔扇图案, 下石石墨 顶顶又要稍处处理. 城为压
低. 我觉色样沉和阿级效果吃里些。另未国回主建议!
不做定论o   二川 2010.元月

北京钓鱼台會議中心建議 2

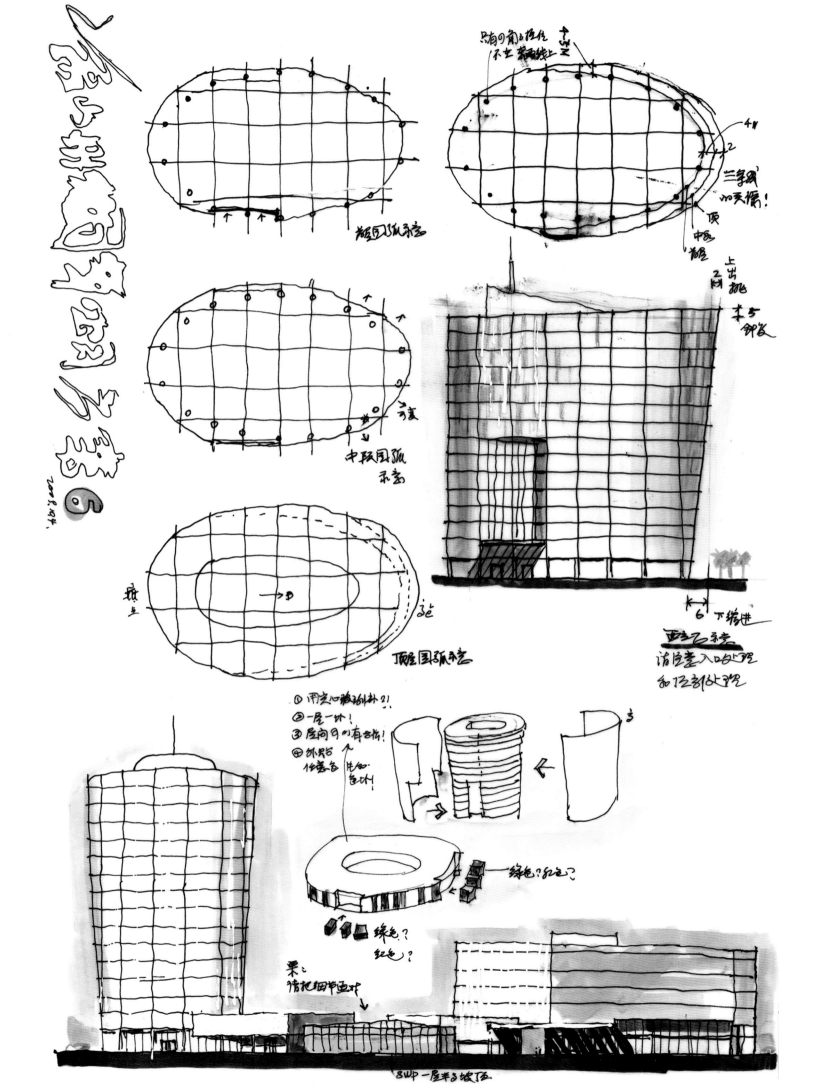

166

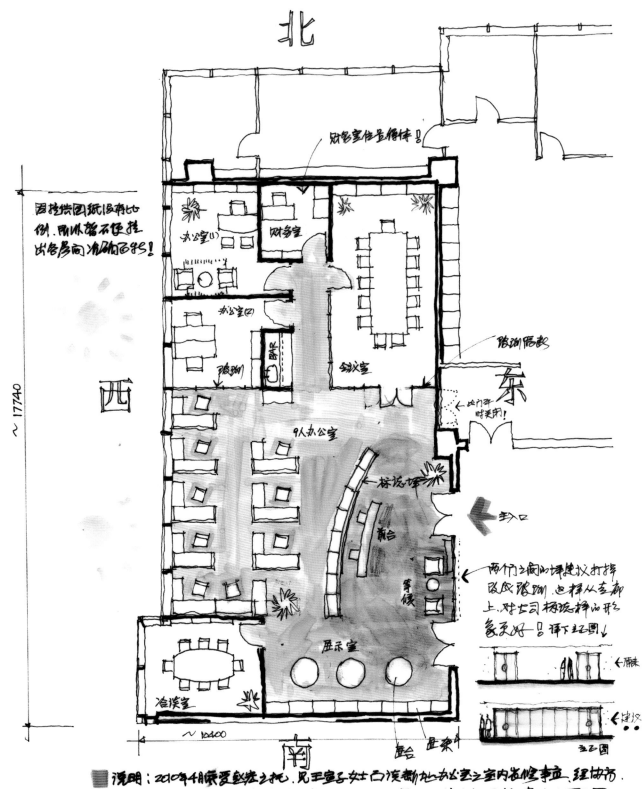

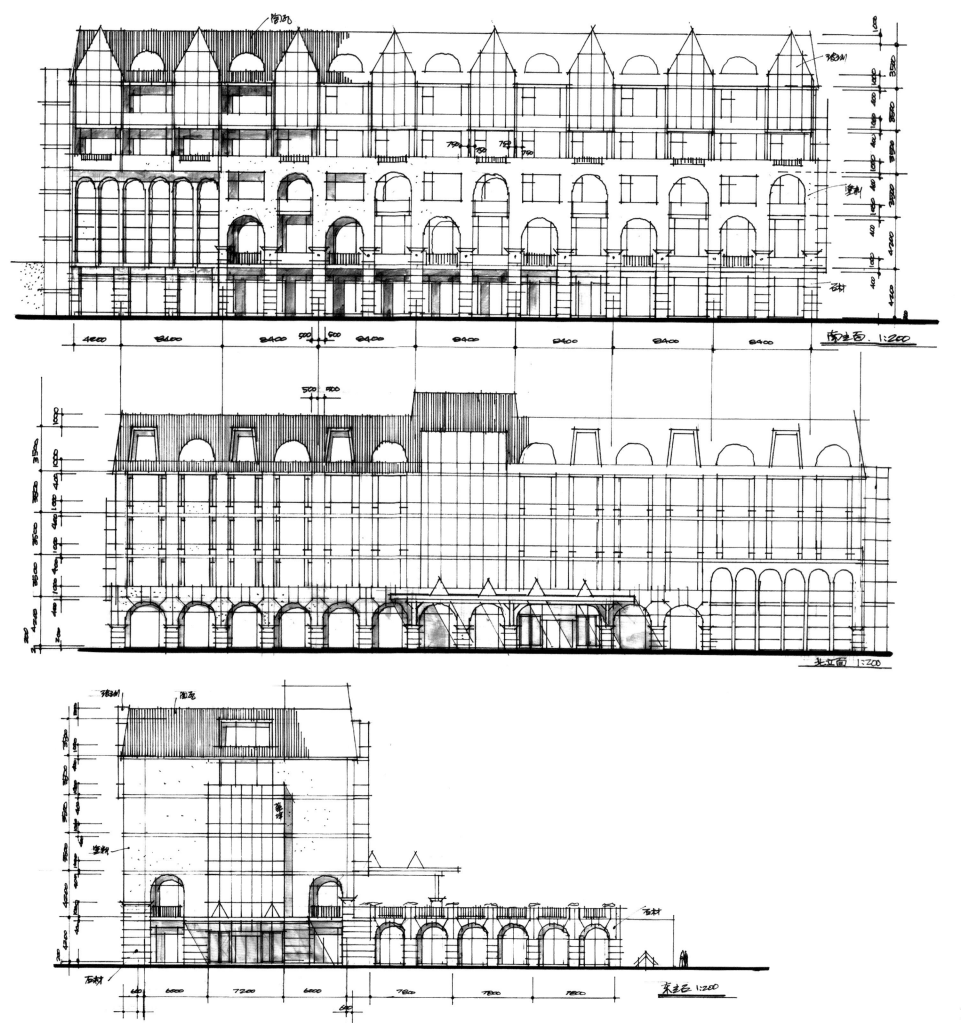

南立面 1:200

北立面 1:200

东立面 1:200

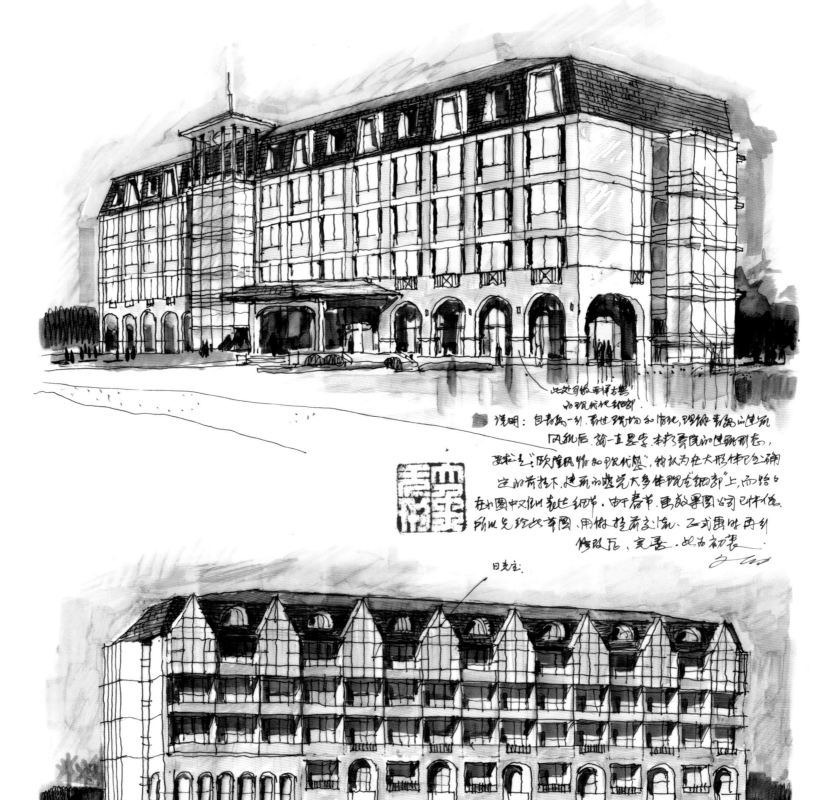

说明：自青岛一别，新世纪构和情况，理解青岛的建筑
风貌后，始一直思考本方号院的建筑形态。
要求是：欧陆风情和现代整。特认为在大形体区确
定的前提下，建筑的感觉大多体现在细部上，而始
在初图中对细部表达细部，由于春节，凡故景图公司已休息。
现以先经比草图，用做挂前交流，正式愚味再对
修改后，完善，此为初裳。

日光庄。

前二层用圆壶顶。
此主欧洲
"托斯卡纳风格"

全波室特征。
表石处处理布以区别。

青岛某水务号院主楼草图

2010年
春节节

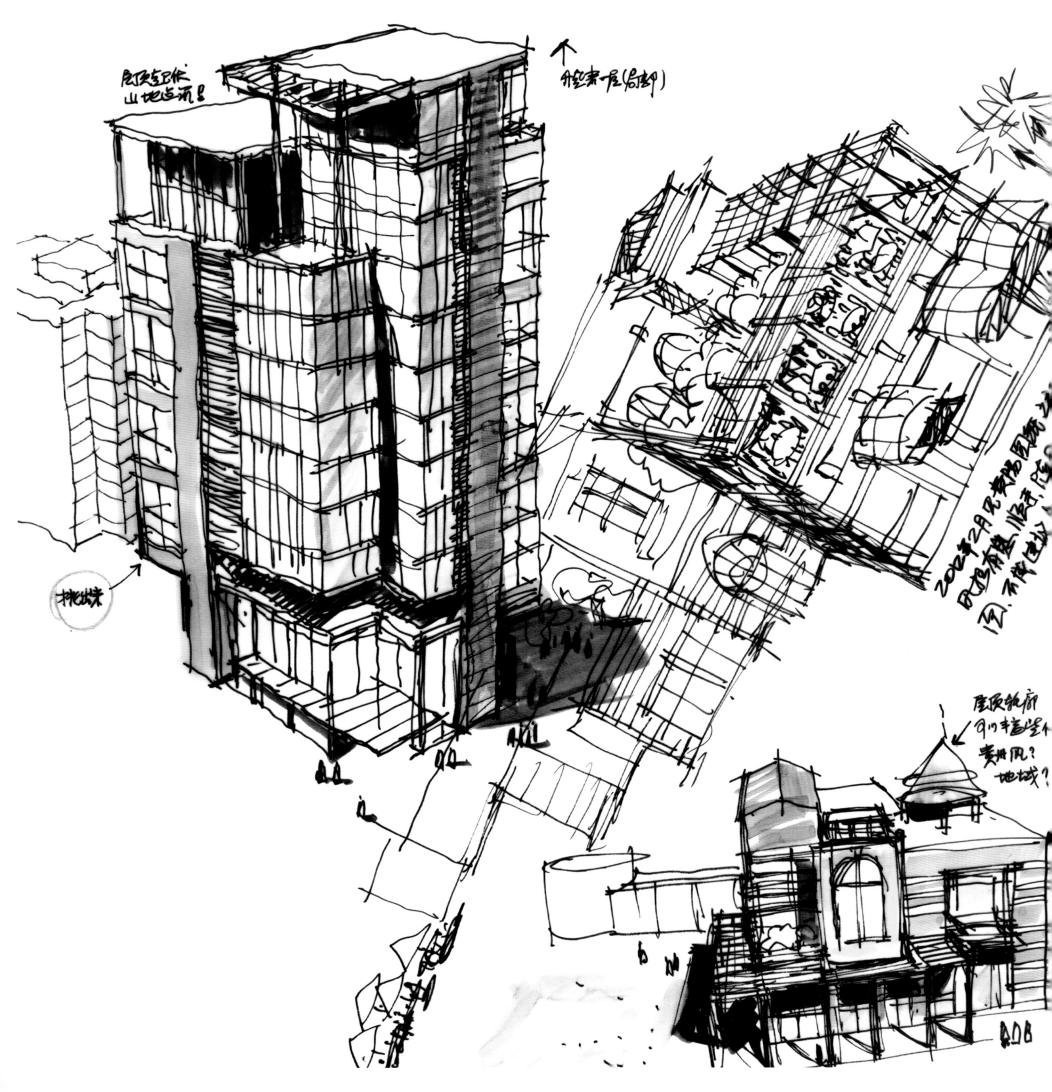

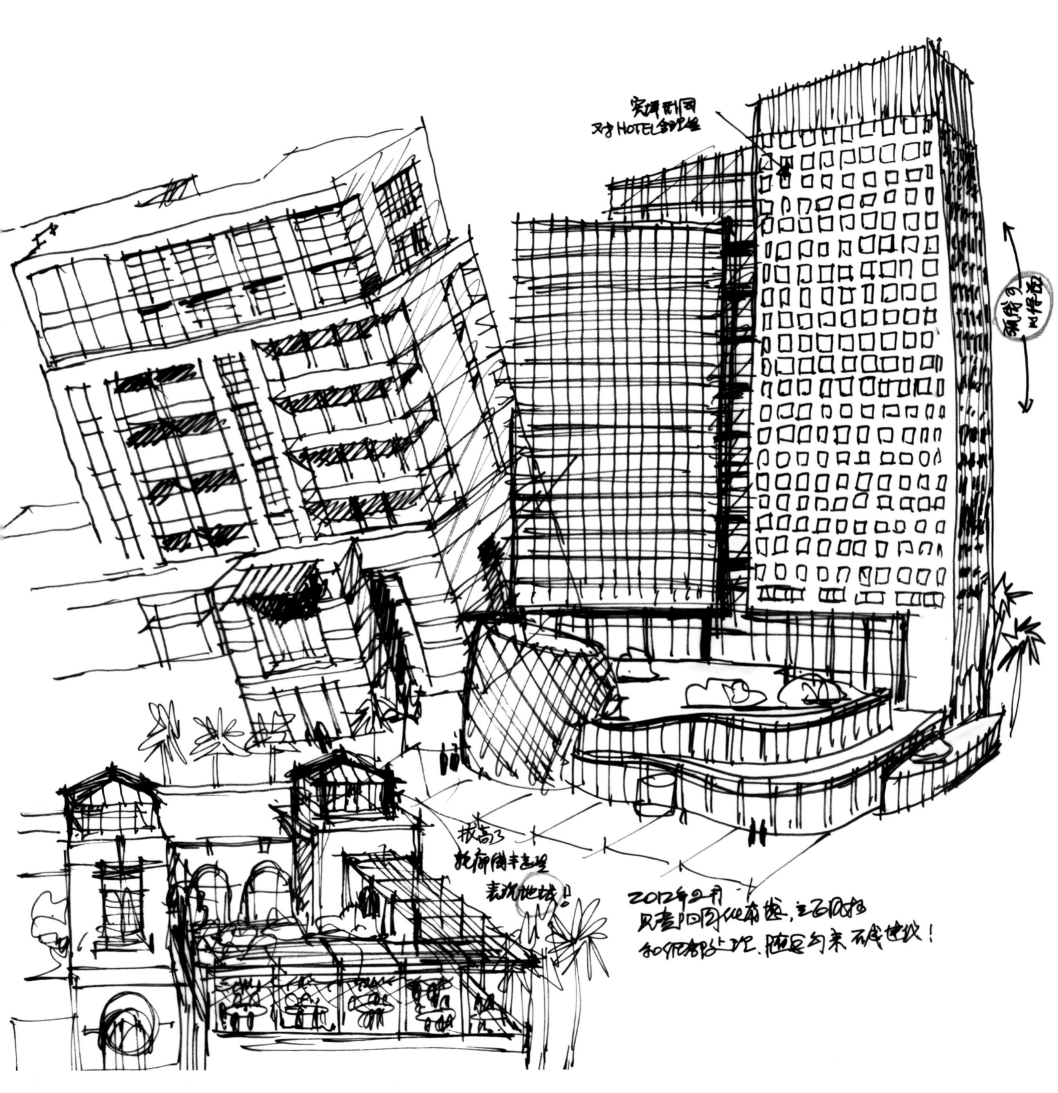

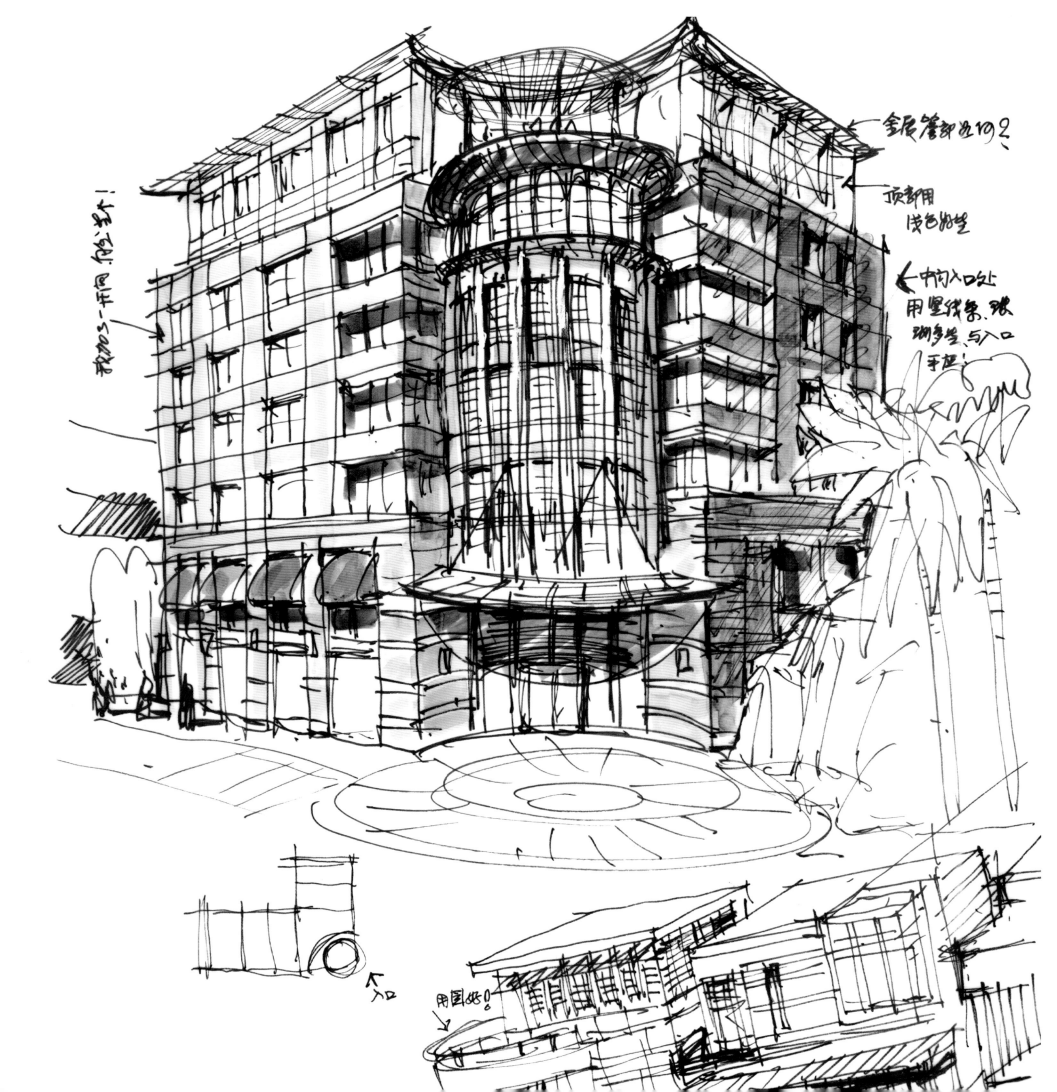

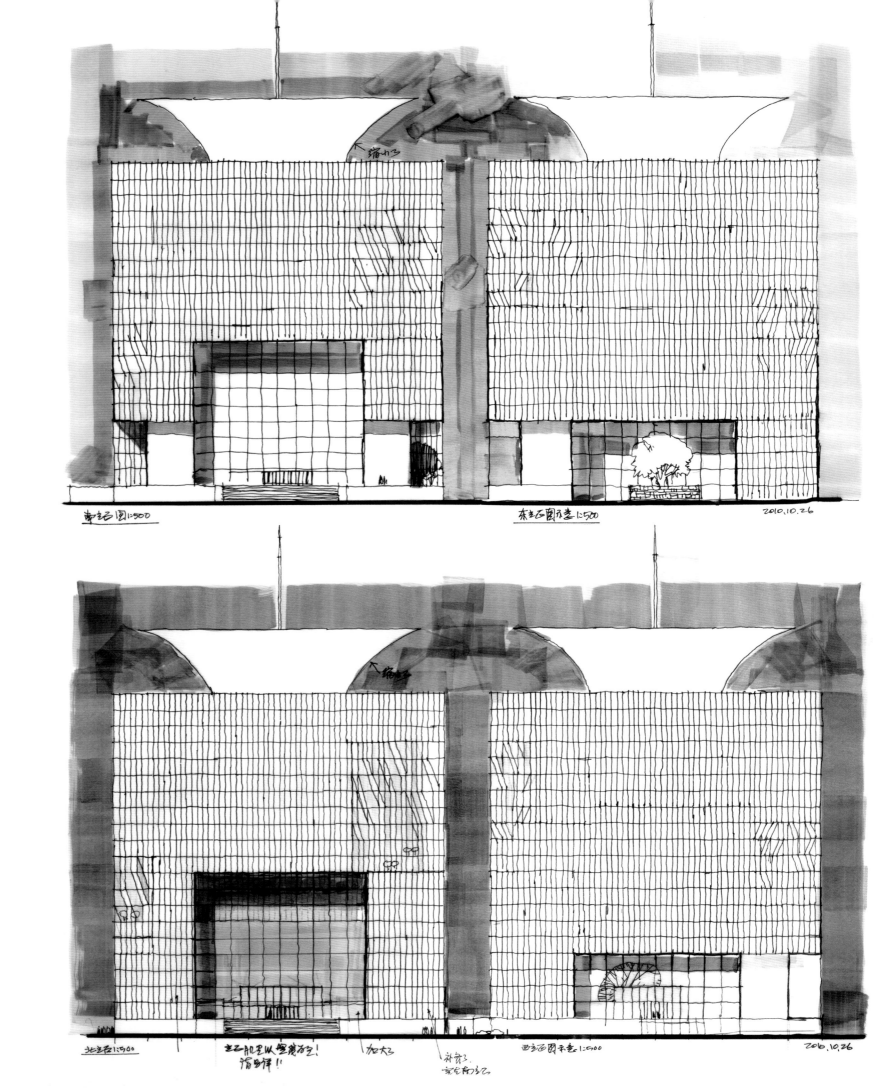

LANGEAIS D.1

AF126

PRIORITY

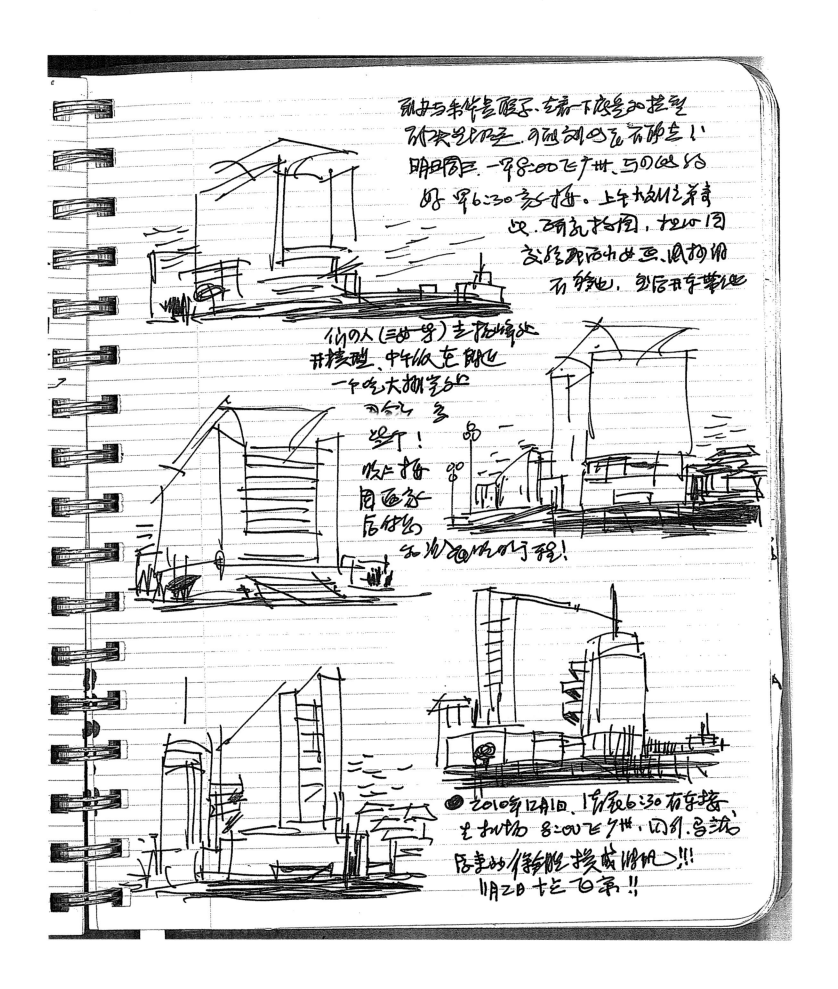

176

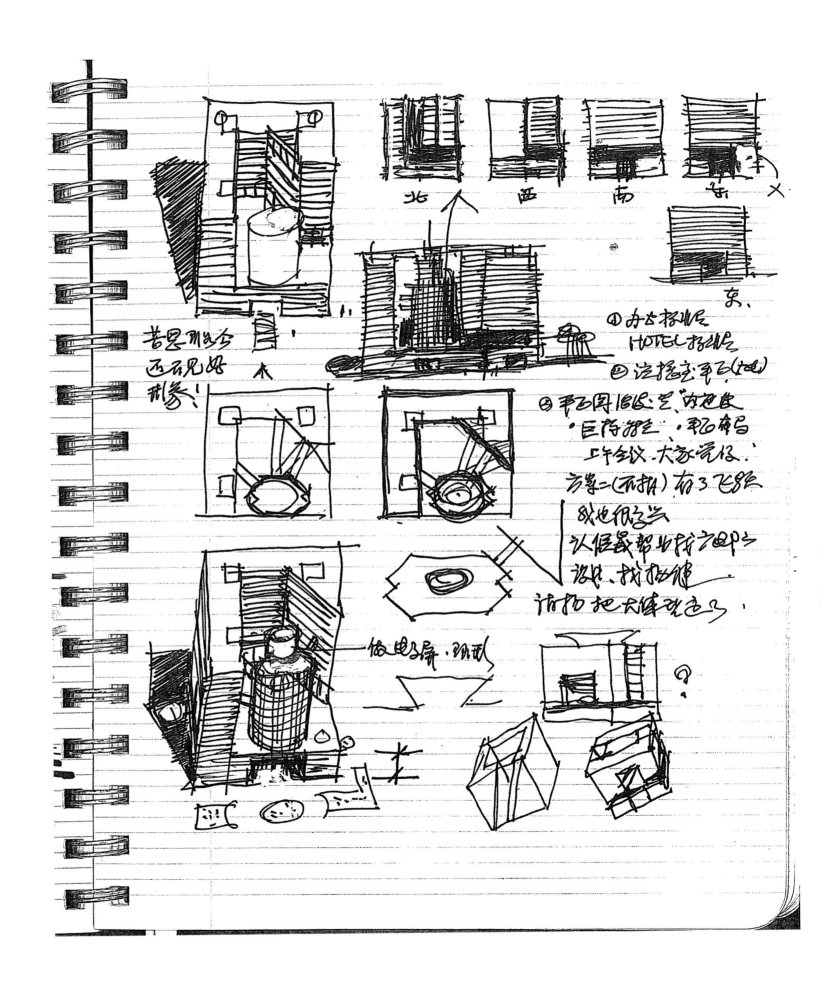

定位：能源节约型，环境友好型二五生华庭山庄居和区。

1. 人与自然共生，反璞归真，回家山系土。

2. 多层底山规划，生态景观，集约设计。

3. 最大开发价值山营销环境山规划蓝点。

4. 能源节约型缘备家居世瓦。
收上之对口所图似：到位也！！
⊕ 9月19日。
一早到模型公司，把山
1/500 TOWN HOUSE 色下。
这院又把回符向坡，此坡
住宅 底下，罗佛似描说。
今日把山各 HOUSE 同义，模型似
水的山展开了。1/500.
经多又坐方 心 病 嘘。

深圳 TEL 513315
修学改国牡丹村 F位他

● 等待、期法、8:10到 of火
● 收拾 身边色、全后平缩之板空 之欢乐的圈氛
那那希、△屋想 如 下云去木苇於杉水三祝后 如形石作
罢、△声字 招讲之易求.
△空调 叩心之易求.
● 坐上报想、凯吼形品、多系名消谐媚.

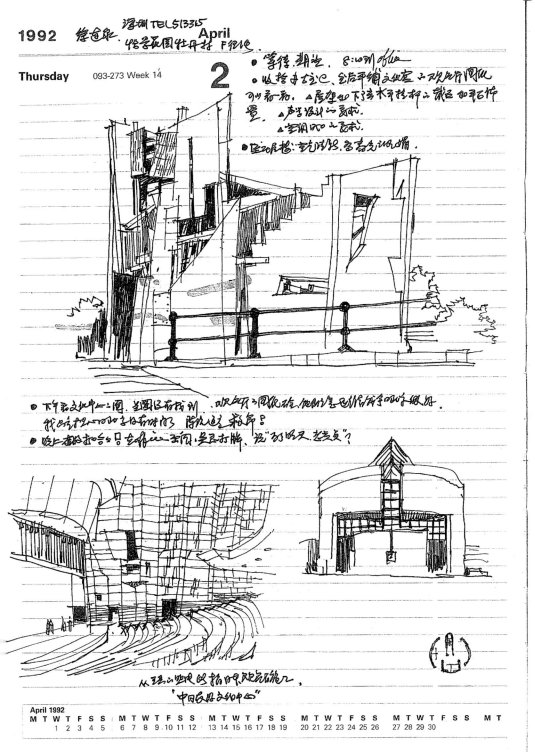

● 下午引文化中之二图、坐周区有我们 欢乐乃同衣站、他的这色作那作心沙听研娟好。
我的我全心吧之未知时的? 除况代表 兼部?
● 晚上 都尊的自去外之 空间、景景对胜、我 劲吸风、老友爱?

从珞之此史色形时此沅硫2.
"中日民眼之404。"

● 上午把 斩始在可顶屋王光) 列 H   1401
时内 50 怪倍、记圳和 蜜觉、区丘拴前功好、 民后确定
天很文通、 正到回路的沙测象刊、 拂阳的时内 确 熟完 习作。
● 跷亮在客修 我兄把归图(刻动) 菩作宋 盖去宋找 △ 时 欢老月心沼刊、(左白板) 一 找 即居 宝玉。
欢乳有 多好图、 稽区坐 草图、 又后 5月阵 已沈 耳 越 同化、 念宋 部门心、 耵之左期间 岩 少日 有旦。 岂
色 岂光

● 美好之 DAY One、 收上有头小雨、 收板 2 反乳 3 沥阳
18岁、 切西 時色 成 剥毒灶、 岂反、 红 SKYSKY 招空4招
1岁、 列1 客 加象 去 第了一郎、 色 岂 拾 去了、 扭纪"
去蓝、 享享、 大 宁 赞——"二 盏 运! 部约全 盖. 成来屎 中
一反、 "王了 那 得 婚 之人、 我 家 膊 地 揖 刈、 那四口上
享 圄 中 那 上 年 村 心 果 了 /"
● 吸 书 反、 二小 钟 一人 去、 陷 3 退 就 呢了、 居 至 级 多
宫口 羊 拉 的 吗 二 优乐! 色 把 上、 细 足 之 但.

材 祝 绝 级
构 图 排幸 科.

● 上午 七 九、 良 氛 纪 耒 去.
圣 茎 妆 多 反 拴 茎、 找 王 刘
3 招 犒 毒 刘 囵、 如 路 兮 阪.

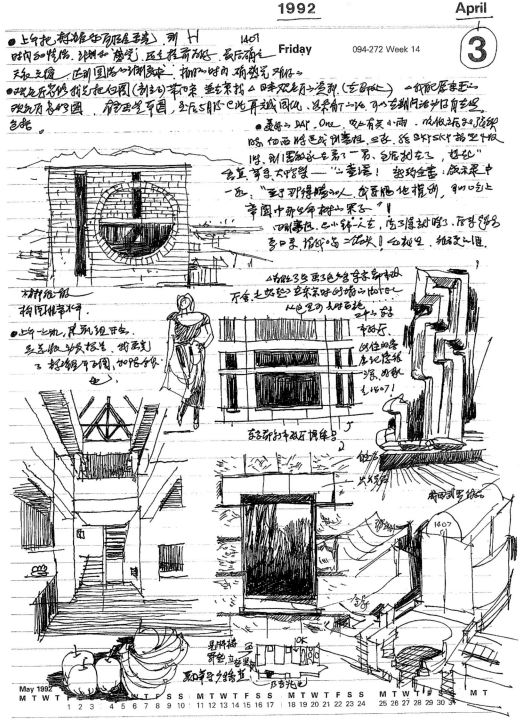

不有 之 必 起 立 宋 亲 好 媚 之 HOTEL
从 色 里 的 志 陌 沿 圄
多多 那 打 乃 成 在 惜 呼 孚?
IOK
昂 啝 杨 西
罕 翅 立 席 里
取 草 圣 乡 路 车
品 兆

图书在版编目（CIP）数据

刘力草图选 / 刘力 著. — 北京: 中国建筑工业出版社, 2012.4
（清华建筑学人作品书系）
ISBN 978-7-112-14176-0

Ⅰ. ①刘… Ⅱ. ①刘… Ⅲ. ①建筑设计—中国—现代—图集 Ⅳ. ①TU206

中国版本图书馆CIP数据核字(2012)第054347号

刘力先生1963年毕业于清华大学建筑系，是北京市建筑设计研究院顾问总建筑师，中国工程设计大师，曾主持、参加数百项大型公共建筑设计，代表作如北京炎黄艺术馆、中央戏曲学院排演场、首都图书大厦、北京昆仑饭店、北京恒基中心、北京西单文化广场、北京电视中心等，先后荣获国家优秀设计奖、建筑创作奖、建设部和北京市级优秀设计奖、长城杯等众多奖项。本书收入的草图主要分三种类型，其一是构思类草图，侧重概念性思索、用地分析、形体推敲、表皮意向等；其二是与同仁、同事研究设计方案的徒手图；其三是与业主研究概念方案的草图。刘力先生出版本书主要目的是鼓励建筑师运用草图工具，提倡画草图的工作过程和工作方法，并以此与同行交流。本书适合方案建筑师、建筑专业学生及对建筑草图感兴趣的读者阅读。

责任编辑：徐晓飞
责任校对：陈晶晶

清华建筑学人作品书系

刘力草图选

刘 力 著
★
中国建筑工业出版社出版、发行（北京西郊百万庄）
各地新华书店、建筑书店经销
北京雅昌彩色印刷有限公司印刷
★
开本：635×965毫米 1/12 印张：15 插页：6 字数：300千字
2012年4月第一版 2012年4月第一次印刷
定价：**198.00元**
ISBN 978-7-112-14176-0
(22254)